生态环境水利工程应用技术

宋东辉　徐　晶　宋子昀　王伟玲　编著

U0217450

中国水利水电出版社
www.waterpub.com.cn

内 容 提 要

本书主要阐述水利工程水生态环境功能的设计与优化、水生态环境危机的处理技术等方面的内容，包括：绪论、水利工程水环境功能，水利工程生态功能，生态环境水利工程设计，水生态环境危机应急技术，共5章。

本书可供水利工程技术人员和从事生态环境水利工作的相关人员学习参考。

图书在版编目（CIP）数据

生态环境水利工程应用技术/宋东辉等编著 . —北京：中国水利水电出版社，2013.5（2018.1重印）
ISBN 978 - 7 - 5170 - 0834 - 7

Ⅰ.①生… Ⅱ.①宋… Ⅲ.①生态环境-影响-水利工程 Ⅳ.①TV-05

中国版本图书馆 CIP 数据核字（2013）第 084997 号

书　　名	**生态环境水利工程应用技术**
作　　者	宋东辉　徐晶　宋子昀　王伟玲　编著
出版发行	中国水利水电出版社
	（北京市海淀区玉渊潭南路1号D座　100038）
	网址：www.waterpub.com.cn
	E-mail：sales@waterpub.com.cn
	电话：（010）68367658（营销中心）
经　　售	北京科水图书销售中心（零售）
	电话：（010）88383994、63202643、68545874
	全国各地新华书店和相关出版物销售网点
排　　版	中国水利水电出版社微机排版中心
印　　刷	北京瑞斯通印务发展有限公司
规　　格	184mm×260mm　16开本　8.5印张　202千字
版　　次	2013年5月第1版　2018年1月第4次印刷
印　　数	3201—5200册
定　　价	32.00元

前 言

　　水生态环境是人类生存与发展所需的重要环境。生态环境水利工程技术有助于改善水生态环境，克服水利工程自身对水生态环境带来的不利影响，促进水利工程水生态环境功能的开发和利用。因此，在未来水利工程建设中，生态环境水利工程技术将发挥极其重要的作用。生态环境水利工程是水利发展的方向之一，主要内容包含河流生态环境的修复治理工程，水利工程的生态环境功能设计，河道（水库）水生态环境运行管理，和（危机）应急处理技术等方面。总的来说，生态环境水利工程技术的应用前景是十分广阔的。

　　国内外对水生态环境的有关理论有比较充分的研究，如《生态水利工程原理与技术》（董哲仁　孙东亚，中国水利水电出版社，2007）和《生态水工学探索》（董哲仁，中国水利水电出版社，2007）是我国有关生态水利工程方面的专门著作，对生态环境水利工程的理念、评价方法和有关的工程技术问题进行了全面的阐述。然而，生态环境水利工程还存在许多技术细节问题，需要通过工程实践不断完善，例如河道（河口）生态修复、河道（水库）水质控制、水利工程生态环境功能设计、感潮河道水环境改善、咸潮分析与应对、水库蓝藻控制、水污染处理技术等，都还需要进一步开展研究。

　　本书是根据广东省水利厅立项资助的"生态环境水利工程技术专题研究"项目的成果和广东省水利厅下达的"水危机应急管理及其处理技术"课题中的"水生态危机应急预案编制及处理技术"子课题的部分成果，结合课题组的工程实践总结而编写，并参考了其他有关文献、资料，特此向有关作者表示感谢。由于编者水平有限，书中疏漏和不当之处，恳请读者批评指正。

编著者

2013 年 4 月

于广州

目 录

前言

第一章 绪论 ……………………………………………………………… 1

第一节 概述 …………………………………………………………… 1

第二节 水利工程与水生态环境 ……………………………………… 9

第二章 水利工程水环境功能 ……………………………………… 13

第一节 环境水力学基本理论 ……………………………………… 13

第二节 水利工程水质净化功能 …………………………………… 17

第三节 水环境需水及其调节 ……………………………………… 28

第三章 水利工程生态功能 ………………………………………… 33

第一节 河流生态评估 ……………………………………………… 33

第二节 改善小气候 ………………………………………………… 34

第三节 涵养水源 …………………………………………………… 37

第四节 固碳制氧 …………………………………………………… 46

第四章 生态环境水利工程设计 …………………………………… 50

第一节 生态环境水利工程的任务和目标 ………………………… 50

第二节 水利工程水质净化功能的设计 …………………………… 53

第三节 氨氮综合分析及其监控技术 ……………………………… 57

第四节 蓄潮冲污工程的设计 ……………………………………… 59

第五节 河流生态恢复工程的设计 ………………………………… 61

第六节 水库水质—生态系统模型的分析与监控技术 …………… 64

第七节 人工生态湖的最优设计 …………………………………… 71

第八节 河流生态的修复技术 ……………………………………… 75

第九节 人工湿地技术 ……………………………………………… 82

第十节 人工湿地计算理论 ………………………………………… 87

第五章 水生态环境危机应急技术 ………………………………… 96

第一节 概述 ………………………………………………………… 96

第二节　咸潮处理技术 ……………………………………………………… 99

第三节　蓝藻处理技术 ……………………………………………………… 112

第四节　重金属污染处理技术 ……………………………………………… 120

参考文献 …………………………………………………………………… 130

第一章 绪 论

第一节 概 述

一、水生态

（一）生态系统的基本概念

1. 生态系统

生态系统是指在一定的空间内，在生物群落与环境之间依靠物种流动、物质循环、能量流动、信息传递和价值流动等方式建立起来的相互联系、相互制约，并形成有自调节功能的整体。生态系统有几个特征：①生命是组成的主体；②生物种群、环境之间形成流动、转换、传递、交换的稳定循环关系；③系统不是处于绝对的周期性循环运动状态，而是处于动态演进的相对稳定循环状态；④生态系统受到外界的干扰，其循环变化的稳定状态会遭受破坏；⑤生态系统遭受外界的干扰较小时，其循环变化的稳定状态可以恢复，干扰大时，则不能恢复。

2. 生态系统的结构

生态系统各要素之间相互联系、相互作用的方式，即为生态系统的结构。生态系统的结构主要有两个：营养结构和时空结构。

（1）营养结构。生态系统中，各生物种类之间存在一定的营养传递关系，并形成一种的稳定结构，如图1-1所示。首先，生物与环境之间也存在营养物质的环循关系：环境中存在的无机物质被绿色植物和某些细菌（生产者）通过光合作用制造为有机物质—碳水化合物，并进一步合成蛋白质和脂肪。这些有机物质为动物（消费者）提供生存、繁衍所必需的食物，并构成动物之间的食物链。动植物新陈代谢物质、残肢（枝）、落叶和枯死体等经过细菌、真菌、放线菌、土壤原生动物和部分小型无脊椎动物的分解，把复杂的有机物质还原为简单的无机物质，再回归到大自然中，从而完成生物与环境之间的营养物质循环过程。

动物之间的营养结构是由食物链来反映的，如图1-2所示。食物

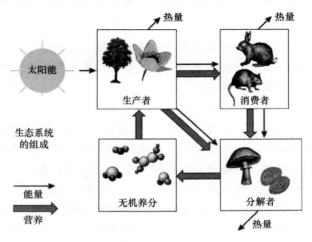

图1-1 生态系统的组成

三级消费者

次级消费者

初级消费者

生产者

图1-2 食物链

链是指有机物质的生产者（植物）、消费者（动物）和分解者（微生物）之间的食物连接关系。有机物生产者将无机物转化为有机物，生产出蛋白质和脂肪。消费者——动物没有能力利用无机物制造有机物，只能通过食用植物来获取所需的蛋白质和脂肪，以满足其生存和繁衍的需要。动物按其在食物链上的地位分为植食动物、一级食肉动物和二级食肉动物三类。植食动物，例如通常说的食草动物，是初级消费者。一级食肉动物是以植食动物为食物的动物，以一级食肉动物为食的是二级食肉动物。分解者分解动植物有机组织，并还原为无机物，回归大自然。

（2）时空结构。生态系统在空间上存在分层的结构现象，为了充分利用阳光、水分、营养物质和生长空间，经过长期的自我调节，形成一个优化的分层结构。在河流湖泊水域中，阳光辐照、水温等因素呈现分层的分布，水生物根据水环境的这一分布特征，也呈现分层的结构布局。浮游植物作为"生产者"主要聚集在水的表层，以充分利用阳光进行光合作用进行"生产"，为其他水生动物提供食物。浮游动物、鱼类等"消费者"，则生活在水域的中层，它们利用水域中的各种植物和相关的食物链关系生存和繁衍。微生物作为"分解者"则生活在水域的底层，它们的任务是分解有机物，并还原为无机物。

在深林中，高大的树木、低矮的灌木丛、各种藤蔓和草类之间也存在在空间的分层分布现象，以充分利用阳光、空间、水分和营养物质等生境资源。

由于光照、气温、水温、降水等生境要素在时间上存在一定的周期变化规律。因此，生态系统的动态变化也呈现一定周期性，按照日、旬、月、季、年等不同的时间尺度发生变化。生态系统在时间上的结构特点是变化的周期性。

3. 生态系统的功能

生态系统内主要有物种流动、能量流动和物质循环等功能，另外，由于生态系统与人类社会有着密切的关联，主要表现在生态系统对人类社会具有服务功能和人类社会对生态系统具有重大的影响。

（1）物种流动。生命是一个周期性的遗传过程，任何生命都经历孕育、出生（发芽）、生长、成熟、交配（授粉）、生殖繁衍后代、死亡等过程。不同的物种在其各个生长阶段会呈现不同的形态和特性，所需的生存空间、环境也不同，通过流动来寻找适合的生存空间和环境。物种流是指物种在空间位置的变动。物种流的特点是：有序、连锁、连续。物种在时间上具有季节性、阶段性（年幼、成熟）的先后次序的特点，种群向外扩张具有群体性的、连锁性的特点，种群的生态系统内部流动又具有连续性的特点。

物种流的方式各有不同，动物的流动是靠自身的迁移来实现，植物则是利用风力、水力和动物携带来实现种子流，洄游是部分鱼类的习性，是鱼类的一种流动方式。洄游鱼类可以分为溯河产卵鱼类和降河产卵鱼类，主要原因是鱼卵、幼鱼与成鱼的生活习性差异较大，洄游距离十分重要，以确保幼鱼能够有足够的过渡时间，来适应新环境。一旦洄游鱼类的通道受到阻隔或改变，将危机洄游鱼类的生存。

（2）能量流动和物质循环。生态系统能量流动是以食物链为通道进行，是生化能的形式流动，如图1-3所示。生态能量流动首先是生产者（植物）吸收太阳能，通过光合作用转化为碳水化合物、蛋白质和脂肪，为动物提供生存和繁衍所需的能量，微生物通过分解动物代谢物和残渣而获得能量。生态系统能量流动过程中向大气散热，释放部分能量，所以生态能量流动是单向递减的流动过程，符合热力学的第一定律和第二定律。

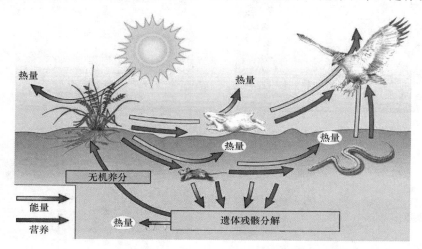

图1-3　生态系统的能量流动和物质循环

生态物质循环是指各种营养物质的循环，如图1-3所示。营养物质在生物之间的流动以及它们在大气圈、水圈、岩石圈之间的流动构成一个循环，称为生物地球化学循环。营养物质在这个循环过程中，不断发生氧化、还原、组合和分解，并以不同的形式在陆地、水域和大气中循环运动。

生物系统的生物地球化学循环主要有水的循环和碳、氮、磷和硫的循环。其中水的循环是物质循环的核心。因为水生命的载体，是一切物质循环和生物能量传递的介质。水的循环主要是指水文循环，海水的蒸发、云的运动、降水、地面径流、地下渗流、江河水流、江河水流汇入大海等环节构成一个循环的过程，它是生物地球化学循环的动力和依托。

（3）生态系统服务。地球生态系统是人类孕育的摇篮，是人类生存和繁衍的乐园。地球生态系统为人类生存和人类社会可持续发展提供的物质和环境称为生态系统服务。生态系统服务的主要功能——对环境和资源的净化、再生和循环，形成一个生命支持系统。

（二）淡水生态系统

地球生物圈可分为海洋生态系统和陆地生态系统两部分，如图1-4和图1-5所示。其中陆地生态系统可分为森林、荒漠、草地、河流和湖泊等生态系统。在水陆过渡地带还存在一个非常重要的生态系统——湿地生态系统（见图1-6），从重要性角度来看，湿地生态系统与森林、海洋生态系统并列为全球三大生态系统，它包括河流、湖泊和沼泽的生态系统和陆地与海洋过渡的海滨湿地生态系统。根据《关于特别是作为水禽栖息地的国际重要湿地公约》的定义："湿地是指天然或人工，常年或季节性，蓄有静止或流动的淡水、半咸水、咸水的沼泽地、泥炭地或水域，包括低潮水深不超过6m的海域。"

图 1-4　海洋生态系统

图 1-5　陆地生态系统

图 1-6　湿地生态系统

图 1-7　淡水生态系统

陆地生态系统是靠淡水来支撑的，同时淡水水域也构成一个相对独立的生态系统——淡水生态系统，它从属于湿地生态系统。淡水系统是指河流发源地、支流、干流、河汊、洪泛区、地下水层、水陆交错地带、湖泊、水库、沼泽地、入海河口等。淡水生态系统是指河流、湖泊等组成的淡水系统与动物、植物和微生物交织在一起形成的生态系统。

淡水生态系统（见图1-7）可分为两类：动水生态系统和静水生态系统。动水生态系统是指河流生态系统，静水生态系统主要指湖泊、水库生态系统。

河流是淡水生态系统中重要的纽带，它将河流发源地、河汊、洪泛区、水陆交错地带、湖泊、水库、沼泽地、入海河口等连接起来，通过水流的运动把各种生物不可缺少的营养物质输送到各个部分。因此，河流是地球生态的大动脉。淡水生态系统的特点包括以下几个方面。

（1）生物群落与生境的一致性。生物群落是指在特定空间和特定的生境下，有一定生物种类组成，具有一定结构和功能的生物集合体。维持生物多样性是保证生态完整性的重要条件，而生物群落的多样性是生物多样性的重要组成部分。生物群落多样性是指生物群落的组成、结构和功能的多样性。生物群落多样性与所处的生境密切相关，生境是生物群落生存的条件，生境多样性是生物群落多样性的基础，一个地区丰富的生境能造就丰富的生物群落。如果生境的多样性受到破坏，必然影响到生物群落的多样性，生物群落的数量、密度、比例和生态功能等都会发生变化。水是生物群落生境的重要组成部分，水是生命的载体，是生物能量流动和生命物质循环的介质。地表水的形态是由水文循环和河川地理要素所决定的，降水的时空分布和河流的形态，对生态系统各种类型的形成起决定性作用。

（2）淡水生态系统结构的整体性和复杂性。淡水生态系统的要素组成一个不可分割的整体。将生态系统的各组成要素分割开来就会破坏系统的整体性，分解的要素就不具备整体性的特点和功能。淡水生态系统主要是由生物链和生境所维系的，淡水中各类生物相互依存、相互制约、相互作用，形成了稳定的食物链结构。食物链结构的稳定性取决于生物群落的多样性，也受生境的变化影响。一个生态系统的生物群落多样性越丰富，食物链结构越复杂，其稳定性就越高。例如生物链为三维网状结构，即食物网，那么，由这种复杂的食物网组成的生态系统比简单直线型食物链组成的生态系统的稳定性要高得多，抵御外界干扰的承载力也高得多。

淡水生态系统的存在某些重要环节，一般称为"关键种"，关键种的缺失会严重割裂系统的整体性，破坏系统的稳定性，对生态系统产生重大的影响。

（3）淡水生态系统的功能。淡水生态系统作为一个整体具有自我调控和自我修复的功能。生态系统是一个物质循环、能量流动和物种流动畅通的系统，它的建立需要在内部形成一个相互制约、相互协调的自我调控机制，以此来确保系统的循环和稳定。生态系统的自我调控关系是在长期进化过程中形成的，主要是在生物种群间、异种生物群间在数量上的调控。生态系统自我调控能力与生态系统的规模有关，规模越大自我调控能力就越强；反之，规模越小自我调控能力就越弱，当生态系统规模小到某一临界状态，就无法维持一个完整系统，生态系统就会崩溃。

规模大的生态系统，在生境变化时，只要不危及关键种的生存，可以通过自我调控改变生态系统的规模来适应外界条件的变化。淡水生态系统还具有水质的恢复功能，水生物所具有的有机物分解能力，可以降解水污染物，净化水质。同时，水体也具有自净能力，水体污染物在重力作用下沉淀或被底质吸附，水体中的生化成分也有助于发生生化反应使污染物降解、中和，从而改善水质。此外，流动水体还有稀释和冲污作用。所以，淡水生态系统的自我修复功能取决于水生物群落的特性，也与水体特性相关。

生态系统的稳定性与生态系统的自我调控和自我修复功能有关，生态系统的自我调控和自我修复功能越大，生态系统的稳定性就越高。淡水生态系统的自我调控和自我修复功能需要一定水量来维持，因此，在水资源的开发利用中应充分考虑生态的需水要求。

（三）河流形态多样性

1. 水—陆与水—气两相边界的多样性

水域与陆地之间过渡地带式两种生境的交汇处，存在大量的淡水沼泽湿地和海滨盐生沼泽湿地，其规模、分布和联结方式多种多样，由于其异质性高，使得生物群落的多样性的水平高，适应于水禽、鱼类、两栖动物和鸟类等多种生物生长。

河流与大气的接触面大，加上水体的流动与大气相互作用，使水体含有丰富的氧气，为水生物提供必要的氧分。河流的水—气两相边界的多样性主要是指河流出现的急流、跌水和瀑布等曝气作用明显的河段，与此相应，河流生态系统中的生物大多都是需氧量相对较强的生物。

2. 河流上下游的生境异质性

河流大多起源于山区，其出海口大多为平原地区，要经历山谷、丘陵和平原地区。河流上游地区一般比降较大，流速大，水流冲刷力强，河流底质多为河卵石，中下游比降小，流速小，冲刷力弱，河流挟带的泥沙大多沉积在中下游。中下游河流宽阔、水深大、河汊多。在出海口还存在咸淡交汇区域——三角洲，这些河流大多受到海潮的影响。

河流上、中、下游的气候、水文和植被差异性也大，有山区、平原、海滨不同地区的气候和降雨条件，河流上、中、下游地区适应不同植物的生长，不同的植被对河流基流影响极大，其中生长的物种也千差万别。

3. 河流纵向形态的蜿蜒性

河流的自然形态大多是蜿蜒曲折的，不存在纯粹的直线或折线河道，有些河流可以比较顺直，但也呈现局部弯曲或微弯形态。河流蜿蜒性使得河流形成主流、支流、河湾、沼泽、急流、浅滩、深潭等丰富多样的生境。造成河流蜿蜒性的条件是自然河道的非均匀性和非对称性，水流在河道演进时，发生偏向冲刷岸边，形成弯曲和深槽，水流经岸边折射、扩散，形成浅滩急流，反射水流在河流另一侧又产生冲刷，形成另一侧的弯道和深槽，由此产生交替的深槽—浅滩系列，也形成河道蜿蜒曲折的走势。

多变的地质条件也使河流呈现多姿多彩的变化，沿着断裂带形成深槽、峡谷，地面突然起伏形成瀑布，突然出现巨石形成的回转，平原地势形成宽阔的水面和河网等，丰富的生境演化出种类繁多的生物群落，急流浅滩的鱼类具有适应高速水流生存的流线体型，为防止被急流冲走，有些生物可以持久附着在河卵石上，有些具有吸盘和钩作为吸附器，有些下表面具有黏着性。深潭流速低，成为各种生物的避难所。

4. 河流断面的多样性

由于河流水文的季节性变化，自然河流断面分为主河槽、洪泛区和过渡带坡地。主河槽是河流正常流道，其顶部宽度为平滩宽度，相应流量为 1.5 年一遇的洪水流量，此时水位为平滩水位。洪泛区是行洪主要断面，位于主河槽两侧的河滩地，只有汛期被洪水淹没。过渡带坡地是自然河岸坡地，受洪水的冲刷和泥沙淤积，过渡带会不断改变，植被有助于稳定过渡带坡地。

河滩地和过渡带可以发展为多种动植物栖息的生态环境，可以形成各种各样的浅滩、河湾、沼泽湿地、积水洼地，湿润的环境可供鱼类、软体动物、鸟类、两栖动物和昆虫生长和繁衍，鸟粪和鱼类排泄物肥土有助水生植物生长，水生植物又是某些鸟类的食物，形成有利于各种动植物生长的食物链。

5. 河床底质的多样性

河床底质是由岩石、卵石、砂砾、细砂、黏土和大量的有机沉积物组成。河流大部分有透水性河床，透水性河床为地表水和地下水提供畅通的通道，保证地下含水层的水量补给。透水性河床适应于各种水生和湿生植物以及微生物的生长，特别是微生物，它们将植物的枯干、残叶，动物尸体、残肢等有机物质统统分解，还原为无机物，完成食物链最后一个环节——分解，实现生态系统物质循环。

二、水环境

水环境是由水体质量来反映。水质是指水和水中所含杂质共同表现出来的综合特性，它取决于水体感官性状、物理化学性质、生物组成和所含成分以及底质情况。水质需要从多个方面来反映，由众多的物理、化学和生物指标来表述，这些描述水质的参数就是水质指标，也就是说水质是一个指标体系。

1. 水质指标体系

水质指标体系分为物理性水质指标、化学性水质指标和生物性水质指标三大类。

（1）物理性水质指标。

1）感官物理性状指标。主要有温度、色度、浊度。主要反映水的清洁、纯净和鲜活等的外观特性，如图 1-8、图 1-9 所示。

图 1-8　纯净水

图 1-9　优美的水环境

2）其他物理指标。主要有容重、密度、导电率、放射性、悬浮物含量、推移质含量等。

（2）化学性水质指标。

1）一般化学性水质指标。主要有 pH 值、硬度、各种阳离子、含盐度、一般有机物含量等。

2）有毒的化学性水质指标。主要有各种重金属、氰化物、多环芳烃、各种农药的含量等。

3）氧平衡指标。主要有溶解氧（DO）、化学需氧量（COD）、生物需氧量（BOD）、总需氧量（TOD）等。

（3）生物性水质指标。一般包括细菌总数、总大肠菌群数和各种病原菌、病毒含量等。

2. 水质标准

满足人民生活或工农业生产需要的最低水质指标即为水质标准。人民生活、工农业生产或其他需水用户对水质的要求是不一样的，有些要求高，有些要求低。因此，应根据各种要求，进行水质分类。地表水按其水环境功能和保护目标，从高到低将水质标准划分为五类。

Ⅰ类：适用于源头水、国家自然保护区。

Ⅱ类：适用于集中式生活饮用水地表水源地一级保护区、珍稀水生物栖息地、鱼类产卵场、仔稚幼鱼的索饵场等。

Ⅲ类：适用于集中式生活饮用水地表水源地二级保护区、鱼虾类越冬场、洄游通道、产养殖区及游泳区。

Ⅳ类：适用于一般工业用水区及人体非直接接触的娱乐用水区。

Ⅴ类：适用于一般农业用水区及一般景观要求水域。

根据《地表水环境质量标准》（GB 3838—2002），相应的指标准限值见表1-1。

表1-1　　　　　　　　　地表水环境质量标准基本项目准限制　　　　　　单位：mg/L

序号	标准分类项目		Ⅰ类	Ⅱ类	Ⅲ类	Ⅳ类	Ⅴ类
1	水温（℃）		认为造成的环境水温变化应限制在：周平均最大升温≤1，周平均最大降温≤2				
2	pH值		6～9				
3	溶解氧	≥	饱和率90%（或7.5）	6	5	3	2
4	高锰酸钾盐指数	≤	2	4	6	10	15
5	化学需氧量（COD）	≤	15	15	20	30	40
6	五日生化需氧量（BOD_5）	≤	3	3	4	6	10
7	氨氮		0.15	0.5	1.0	1.5	2.0
8	总磷（以P计）	≤	0.02（湖、库0.01）	0.1（湖、库0.025）	0.2（湖、库0.05）	0.3（湖、库0.1）	0.4（湖、库0.2）
9	总氮（湖、库，以N计）	≤	0.2	0.5	1.0	1.5	2.0
10	铜	≤	0.01	1.0	1.0	1.0	1.0
11	锌	≤	0.05	1.0	1.0	2.0	2.0
12	氟化物（以F^-计）	≤	1.0	1.0	1.0	1.5	1.5
13	硒	≤	0.01	0.01	0.01	0.02	0.02
14	砷	≤	0.05	0.05	0.05	0.1	0.1
15	汞	≤	0.00005	0.00005	0.0001	0.001	0.001
16	镉	≤	0.001	0.005	0.005	0.005	0.01
17	铬（六价）	≤	0.01	0.05	0.05	0.05	0.01
18	铅	≤	0.01	0.01	0.05	0.05	0.1
19	氰化物	≤	0.005	0.05	0.2	0.2	0.2

续表

序号	标准分类项目		Ⅰ类	Ⅱ类	Ⅲ类	Ⅳ类	Ⅴ类
20	挥发酚	≤	0.002	0.002	0.005	0.01	0.1
21	石油类	≤	0.05	0.05	0.05	0.5	1.0
22	阴离子表面活化剂	≤	0.2	0.2	0.2	0.3	0.3
23	硫化物	≤	0.05	0.1	0.5	0.5	1.0
24	粪类大肠菌群（个/L）	≤	200	2000	10000	20000	40000

第二节　水利工程与水生态环境

一、水利工程对水生态环境的影响

本节主要讨论水利工程对淡水生态系统的胁迫形式，生态学把自然界和人类活动对生态系统的干扰称为胁迫。自然界对淡水生态系统的干扰主要是由气候变化、地震、火山爆发、山体滑坡、地陷、台风（飓风、旋风）、大洪水、河流改道等引起，其对淡水生态的影响大多都能恢复，或者向另一种状态发展，建立新的动态平衡系统。而人类活动对淡水生态系统的影响始于现代人类社会大规模经济活动，其对淡水生态系统的影响是严峻的，是淡水系统自身难于恢复的。水利工程的建设和管理对淡水生态系统也产生一定程度的影响。人类活动和水利工程建设对淡水生态系统产生的影响主要有以下几个方面。

1. 水污染

由于工业和生活废水的排放，农田施用化肥和杀虫剂均对河流水体造成污染，对河流生态产生胁迫。水污染严重影响自然河道和市镇引水系统的水质，危及居民健康，影响水生动物的栖息条件，还会造成河流廊道内植被的退化，进而通过食物链的作用造成淡水生态系统的退化。

2. 水资源过度开发

为了供水、灌溉等目的，从河流、水库中超量引水，使河流径流量无法满足生态用水的最低要求，会对河流生态系统产生消极的影响。河流径流减少，会降低河流流速、水深和水面积，从而影响水生动植物的生存空间和环境，也影响鱼类产卵等的生理活动，对河流生态环境的物种分布和丰度都产生消极的影响。河流径流减少，降低河流的造床能力，使河流生境条件改变，也会降低河流水体的纳污能力，致使水污染进一步加剧，并与生态退化现象耦合，形成恶性循环。

3. 地面硬质化

随着城市化进程的加速，大量土地用于兴建沥青或混凝土道路、广场、停车场、住宅区、工业厂房、公共和生活设施等，影响动植物的栖息和生存空间，导致城市河流生物群落萎缩，种植生物退化。地面硬质化程度高，直接影响水文循环条件，地面对雨水的含蓄能力降低，径流系数大，汇流时间短，流量大，导致严重的城市雨洪淹浸问题。

4. 自然河道的渠化

在大部分河道治理工程中，自然河道均被直线化，河道断面规则化，堤防和护岸硬质化，使得河道生境的多样性遭受破坏，自然河流特有的蜿蜒性特征消失，改变河流原有的深潭与浅滩交错、急流与缓流交替的格局以及河流河滩地的自然布局，导致河流生态系统结构与功能的变化，降低生物群落的多样性，促使淡水生态系统的退化。

5. 自然河流的非连续化

水利工程利用拦河大坝将自然河流截断，改变自然河流生态的连续性规律：营养物质输送的连续性、生物群落的连续性和信息流的连续性。营养物质以河流为载体，随着自然河流的水文周期性的变化，进行营养物质交换、扩散、转化、积累和释放，实现营养物质周期性、连续性的输送。水生动植物沿自然河流形成上下游连续、有序分布的生物群落，洄游性鱼类依靠河流连续性来维持物种的交流和传递。自然河流的季节性洪水变化，还对河流四周生物发出一种特殊的信息，这些生物依照这种信息进行繁衍、产卵和迁徙，因此，自然河流的运动规律还肩负生命信息传递的任务。

河道治理中，堤防工程也破坏了河流与陆地之间的生态连续性。

因此，河流非连续化会造成生物群落多样性的退化，使某些物种消失，对生态系统产生胁迫效应。

6. 大型调水工程

跨流域的调水工程，影响水系的自然水文条件，改变流域、水系的自然格局对水域和陆地生态系统均产生胁迫效应。

二、水利工程的水环境与水生态功能

水体的自净是受到污染的水体，在自身的物理、化学和生物等方面的作用下，使水中污染物浓度下降的过程。水体的自净能力是有限的，当进入水体的污染物数量超过一定界限时，水体就会丧失自净能力，造成永久性的污染，这一界限称为水体的自净容量或水体的环境容量。

水体自净作用按其发生的机理可分为三类：物理自净、化学自净和生物自净。

物理自净是指污染物进入水体后，因改变其物理形状、空间位置，而不改变其化学性质，不参与生物作用，使水中污染物浓度下降的过程。如污染物进入水中所发生的混合、稀释、扩散、挥发、沉淀等过程。水体物理自净能力与水量多少有关，一般大体积水域如海洋、湖泊、水库和大流量的河段等其物理自净能力较大。

化学自净是指污染物在水中以简单或复杂的离子或分子状态迁移，并发生化学元素性质、价态上的转化，使水质也发生了化学性质的转变，但未参与生物作用，这些化学自净过程降低了污染物的迁移能力和毒性，改善了水质。化学自净主要反应有：中和、氧化还原、分解—合化、吸附—解吸、胶溶凝聚等。影响水体化学自净能力的因素有：温度、酸碱度（pH 值）、氧化还原电位等。

生物自净是指水体中的污染物经过生物吸收、降解作用，使污染物消失或浓度降低的过程。主要作用类型有：生物分解、生物转化和生物富集等。生物自净能力在水自净能力中占有重要位置。影响生物自净能力的因素有：生物的种类、环境的水热条件、供氧状况等。例如，在水温为 20～40℃、pH 值为 6～9、养料充分、空气充足的条件下，好氧微生物繁殖旺盛，对水中有机物质的分解能力强，将有机物氧化转化为 CO_2、H_2O、硫酸盐、磷酸盐和硝酸盐等，使水质改善。

（一）水利工程的水环境功能

水利工程在改善水质环境方面可以发挥特殊的功能，例如水利工程形成的水库可以提高水体自净功能；泄水和消能水工建筑物利用水流与空气的高速混参使水体获得大量的溶解氧，有利于增强河道自净能力。

实践证明，水库的水质一般较好，特别是大中型水库的水质大多可以达到Ⅰ、Ⅱ类水质标准，说明水库水体容积大，其自净能力大，有利于水质的改善，增大河流的纳污量，特别是下游的河道的纳污能力。水库排放水质较好，有利于改善下游河道的水质，其次水库合理调节保证下游河道的生态需水和环境需水，也有利于改善下游河道的水质。

水利工程的溢流、孔口、消能设施等的水流比较湍急、水气摩擦激烈，有利于河道水体复氧，增加水体的溶解氧，为污染物的降解和水生物的生存提供必要的溶解氧，有利于河道的水生态和水质环境改善。

利用水利工程设施可以实现引潮冲污和促进水循环的功能。滨江和滨海城市，由于受到外江水位或海潮的顶托，城区内的河道、湖泊等水域水流排泄不畅，加上污染影响，营养物质富集，水体溶解氧缺乏，造成城区水域黑臭，严重影响城市水环境。根据潮水的涨落规律，利用水利工程的水闸等设施，进行水量调配和控制，促进城市河道和水域的水循环、稀释污水，增加水体溶解氧含量，可以大大改善城市水环境。必要时，也可以利用泵站提水冲污，促进水循环，改善水环境。

对于受蓝藻影响的湖泊、水塘等水域，也可采用引水冲污的方式，排泄湖泊和水塘的营养物质，减少蓝藻生长所需的养分，抑制蓝藻的爆发，从而改善水质和水生态。

水利工程建设可以形成较好的水面景观、美化周边环境，改善周边小气候，减少城市热岛效应。在现代经济社会中，良好的水面景观和水生态环境，有利于城市的发展和建设，例如水面景观就是房地产开发的重要题材，对房产增值有重要的影响。水面景观也是城市休闲文化和水文化的重要载体，可以在一定程度提升市民的生活质量和幸福指数。

（二）水利工程的水生态功能

一般来说水利工程建设主要是实现各种兴利除害的目标，然而水利工程也具有一定的生态功能。虽然水利工程建设在一定程度上会影响河流生态环境，但只要在水利工程建设中兼顾水生态环境的保护、修复和美化环境的要求，就可以将其对水生态的不利影响降至最低，并充分发挥其生态功能。

1. 城市水利工程

在城市防洪治涝工程中，需要大量治理河道、堤岸及其过渡区，可以结合小环境的生态、水质治理和人文环境的需要，在实现防洪治涝目标的同时实现小环境的生态、水质治理和人文环境的建设目标。

利用河道、小溪的生态治理，通过绿化工程和水生态堤岸治理工程，利用水边水生植物产生大量的负离子和氧气，可以改善周边小环境的小气候，形成生态宜居环境。河岸的绿化地带也有利于改善城市热辐射特性，减缓热岛现象，也可以营造优美的水景观（见图1-10）和休闲场地，促进水文化和人文环境的健康发展，也可以促进周边房地产的发展和开发。

图 1-10　堤防工程营造的水面景观

2. 小流域治理和水土保持工程

小流域治理和水土保持工程的生态功能包括涵养水源和固碳制氧两个方面。

水土保持的任务包含两个方面的任务，一是土的保持，二是水的保持。一般来说这两个方面具有一致性，"固土"是涵养水源的基础，但涵养水源还包括其他方面，例如表土层的结构、植被、地面特征等影响雨水下渗、调蓄雨水能力的因素，从而影响涵养水源。水土保持治理的涵养水源技术的研究主要包括植被、土层结构和地理特征与涵养水源的关系和规律，建立水土保持治理的涵养水源评价体系，开展有关治理技术研究，完善水土保持治理的科学体系，真正做到水土保持，甚至提高涵养水源效能。

第二章 水利工程水环境功能

第一节 环境水力学基本理论

污染物进入水体后，要经历扩散、迁移和转化的运动过程，其在水中的浓度不断发生变化，建立污染物在水体中因水化、化学、生物等作用发生的转化关系——水质模型，可以预测污染物在水中的运动和变化。

一、菲克定理与扩散方程

可溶性物质在水体中的扩散可分为分子扩散和紊流扩散。分子扩散重要的运动定理——菲克第一定律，是菲克用类比博里叶定律的方法提出的，其数学表达式为

$$P = -D \frac{\partial C}{\partial x} \tag{2-1}$$

式中　P——扩散物质沿 x 方向的输送率；

　　　D——分子扩散系数，部分分子扩散系数见表 2-1；

　　　C——扩散物质的浓度。

表 2-1　　　　　　　　20℃时部分物质在水中的分子扩散系数　　　　　　单位：$10^{-9} m^2/s$

物　质	分子扩散系数	物　质	分子扩散系数
O_2	1.80	醋酸	0.88
CO_2	1.50	乙醇	1.00
NH_3	1.76	葡萄糖	0.60
Cl_2	1.22	食盐	1.35
H_2	5.13	酚	0.84
N_2	1.64	甲醇	1.28
H_2S	1.41	尿素	1.06

根据质量守恒定律和菲克第一定律，可以导出扩散方程

$$\frac{\partial C}{\partial t} = D \left(\frac{\partial^2 C}{\partial x^2} + \frac{\partial^2 C}{\partial y^2} + \frac{\partial^2 C}{\partial z^2} \right) \tag{2-2}$$

式（2-2）也成为菲克第二定律。

以上讨论的是静止流体中的分子扩散。若流体是流动的，除了分子扩散运动外，还要考虑扩散物质随流体输运迁移情况，由此得到的方程为扩散迁移方程，其表达式为

$$\frac{\partial C}{\partial t} = D \left(\frac{\partial^2 C}{\partial x^2} + \frac{\partial^2 C}{\partial y^2} + \frac{\partial^2 C}{\partial z^2} \right) - \frac{\partial}{\partial x}(Cu) - \frac{\partial}{\partial y}(Cv) - \frac{\partial}{\partial z}(Cw) \tag{2-3}$$

式中　u、v、w——x、y、z 方向的水流速度。

紊流扩散要比分子扩散快得多，紊流扩散系数比分子扩散系数大 $10^5 \sim 10^6$ 倍。紊流情况的分析要复杂得多，如果用欧拉法来分流场，可以得到普遍的欧拉扩散方程：

$$\frac{\partial C}{\partial t} + \frac{\partial}{\partial x_i}(Cu_i) = \frac{\partial}{\partial x_i}\left(D_{ii}\frac{\partial C}{\partial x_i}\right) \tag{2-4}$$

紊流扩散是各向异性的，其中紊流扩散系数 D_{ii} 为各不相同，河道断面垂直方向紊流扩散系数 $D_{ii} = D_z$ 为

$$D_z = 0.068hu_* \tag{2-5}$$

河道断面横向方向紊流扩散系数 $D_{ii} = D_y$ 为

$$D_y = \alpha hu_* \tag{2-6}$$

式中　α——经验系数。一般比较顺直的矩形明渠 α 为 $0.24 \sim 0.25$；顺直的天然河道 α 为 $0.1 \sim 0.2$；弯曲不规则河道 α 为 $0.3 \sim 0.9$。或用下式计算

$$\alpha = 0.25\left(\frac{u}{u_*}\right)^2\left(\frac{h}{R_e}\right)\frac{1}{k^2} \tag{2-7}$$

对于明渠
$$u_* = \sqrt{ghJ}$$

式中　u——断面平均流速；

　　　u_*——摩阻流速；

　　　h——水深；

　　　J——纵坡降；

　　　R_e——河道转弯半径；

　　　k——卡门常数，可取为 0.41。

河道断面纵向方向紊流扩散系数较后面介绍的离散系数小得多，一般只考虑纵向离散系数。

二、迁移离散方程

水流在管道、河流或渠道流动时，横断面的流速分布是非均匀的，存在流速梯度，导致水流内部出现剪切流，使污染物随流散开的现象，称为剪切离散。剪切离散与扩散不同，离散比扩散更快，水污染预测分析多考虑离散。类比迁移扩散方程，可以得到污染物迁移离散方程：

$$\frac{\partial C}{\partial t} + u\frac{\partial C}{\partial x} = E\frac{\partial^2 C}{\partial x^2} \tag{2-8}$$

式中　E——离散系数。

对于矩形渠道

$$E = 5.93hu_* \tag{2-9}$$

对于天然河道
$$E = 0.67\frac{B^2(u_y - U)^2}{hu_*} \tag{2-10}$$

或

$$E = 0.011\frac{B^2U^2}{hu_*} \tag{2-11}$$

式中　　B——河道宽度；

　　　　u_y——垂直线平均流速；

　　　　U——断面平均流速。

三、水质模型

1. 水质基本方程

河流水污染预测主要依据一维迁移离散方程，但考虑到污染物的降解与转化、河流底质对污染物的吸附作用等，在方程中需要增加污染物的衰减一项：

$$\frac{\partial C}{\partial t} + u\frac{\partial C}{\partial x} = E\frac{\partial^2 C}{\partial x^2} - kC \qquad (2-12)$$

式中　　k——污染物衰减系数，$1/s$ 或 $1/d$。

这是水污染预测的基本方程，称为一维河流水质迁移转化基本方程。

2. 稳态解

水质基本方程的稳态方程变为

$$\frac{\partial^2 C}{\partial x^2} - \frac{u}{E}\frac{\partial C}{\partial x} - \frac{k}{E}C = 0 \qquad (2-13)$$

方程式（2-13）的解为

$$C = C_1 e^{\frac{ux}{2E}(1+m)} + C_2 e^{\frac{ux}{2E}(1-m)} \qquad (2-14)$$

边界条件 $x=0$ 时，$C=C_0$；$x=\pm\infty$ 时，$C=0$。

则
$$C = \begin{cases} C_0 e^{\frac{ux}{2E}(1+m)}, & x<0 \\ C_0 e^{\frac{ux}{2E}(1-m)}, & x\geqslant 0 \end{cases} \qquad (2-15)$$

其中
$$m = \sqrt{1 + \frac{4kE}{u^2}}$$

【例 2-1】　在某一均匀河段有一排污口，连续排放污水，排放流量为 $q=0.85\mathrm{m}^3/\mathrm{s}$，污水浓度 $C_q=600\mathrm{mg/L}$。河水较浅，可以认为污水在垂直方向均匀混合，河段宽度为 70m，水深为 3m，流速为 $u=0.83\mathrm{m/s}=71.712\mathrm{km/d}$，流量为 $Q=170\mathrm{m}^3/\mathrm{s}$，河段纵比降为 $1/3000$。污染物降解系数 $k=2\ 1/\mathrm{d}$。求距离该污染源 60km 的下游断面的污水浓度。

解：

（1）计算初始浓度。

$$C_0 = \frac{C_q q}{Q+q} = \frac{600\times 0.85}{170+0.85} = 2.985\ (\mathrm{mg/L})$$

（2）计算扩散系数。根据式（2-11）可得

$$E = 0.011\frac{B^2 U^2}{hu_*} = 0.011\frac{(70\times 0.83)^2}{3\times\sqrt{9.8\times 3\times\frac{1}{3000}}} = 375.09\ (\mathrm{m}^2/\mathrm{s}) = 32.41\ (\mathrm{km}^2/\mathrm{d})$$

（3）计算 m。

$$m = \sqrt{1 + \frac{4kE}{u^2}} = \sqrt{1 + \frac{4\times 2\times 32.41}{71.712^2}} = 1.0249$$

（4）求计算断面的污水浓度。

由式（2-15），设下游 x 为正值，则

$$C = C_0 e^{\frac{ux}{2E}\langle 1-m \rangle} = 2.985 e^{\frac{71.712 \times 60}{2 \times 32.41}\langle 1-1.0249 \rangle} = 0.572 \ (mg/L)$$

可以预测距离该污染源 60km 的下游断面的污水浓度为 0.572mg/L。

3. 瞬时动态解

非稳态情况下，污染物浓度随时间变化，基本方程为式（2-12），初始条件和边界条件为：$t=0$ 时，$C_{(x, 0)} = 0$；$x=0$ 时，$C = C_0 \delta_{(t)}$，其中 $\delta_{(t)}$ 为单位脉冲函数；$x = \pm\infty$ 时，$C=0$。引进拉普拉斯变换

$$L\{C_{(x, t)}\} = \int_0^\infty e^{-st} C_{(x, t)} dt = \overline{C}_{(x, s)} \tag{2-16}$$

方程式（2-12）变为

$$s\overline{C} + u\frac{\partial \overline{C}}{\partial x} = E\frac{\partial^2 \overline{C}}{\partial x^2} - k\overline{C} \tag{2-17}$$

式中　s——拉普拉斯变换变量。

边界条件变为：$x=0$ 时，$\overline{C} = C_0$；$x = \pm\infty$ 时，$\overline{C} = 0$。

微分方程式（2-17）的特征方程为

$$E\lambda^2 - u\lambda - (k+s)\overline{C} = 0 \tag{2-18}$$

特征根为

$$\lambda_1 = \frac{u + \sqrt{u^2 + 4E(k+s)}}{2E} \tag{2-19}$$

和

$$\lambda_2 = \frac{u - \sqrt{u^2 + 4E(k+s)}}{2E} \tag{2-20}$$

方程式（2-17）的通解为

$$\overline{C} = Ae^{\lambda_1 x} + Be^{\lambda_2 x} \tag{2-21}$$

由边界条件得：

$$\overline{C} = C_0 e^{\lambda_2 x} \tag{2-22}$$

对上式取拉普拉斯逆变换

$$\mathscr{L}^{-1}\{\overline{C}_{(x, s)}\} = C_0 e^{\frac{ux}{2E}} \mathscr{L}^{-1}\{e^{\frac{-x\sqrt{u^2 + 4E(k+s)}}{2E}}\} \tag{2-23}$$

则

$$C_{(x, t)} = C_0 e^{\frac{ux}{2E}} \times \frac{x}{\sqrt{4\pi Et}} e^{-(\frac{u^2}{4E}+k)t} e^{-\frac{x^2}{4Et}} \tag{2-24}$$

动态解能反映水污染的瞬时情况，稳定解则反映水污染的稳定状态，相对而言，稳定解预测水污染情况更好一些。

二维、三维的水质模型基本方程均为线性的，可以采用积分变换方法求解。

第二节　水利工程水质净化功能

一、水污染

水体污染物按其性质划分为物理、化学和生物性污染物三大类。具体划分主要有十一类。

（1）需氧有机物质。需氧有机物质会消耗水体溶解氧，可造成水体溶解氧亏缺，影响鱼类和其他水生物生长，威胁其生存。水中溶解氧被耗尽后，有机物转入厌氧分解，产生硫化氢、氨和硫醇等，是水体产生异味、恶臭，水色变黑，水质恶化，除厌氧微生物外，其他生物不能生存。需氧有机物质包括碳水化合物、蛋白质、油脂、氨基酸、脂肪酸、脂类等有机物质。这些物质被微生物分解过程中，要消耗水中的溶解氧，故称为需氧有机物质。在水质检测中，主要有两项指标 BOD_5 和 COD。BOD_5 表示水中可被生化降解的有机物数量，COD 表示可被氧化的物质需氧总量。

（2）植物营养物。植物营养物主要是指氮、磷、钾、硫及其化合物。植物营养物进入水体后，在微生物的作用下，产生的分解物易被水中藻类吸收，使藻类大量繁殖，成为水中优势种群。同时改变水中溶解氧的分布，水中上层处于饱和状态、中层处于缺氧状态、下层处于厌氧状态，这不利于鱼类生长。处于溶解氧饱和状态的上层水体，会因溶解气体从鱼类血液溢出，形成气栓，使鱼类死亡。

植物营养物与藻类形成一个循环：藻类死亡，分解成大量的植物营养物，促进藻类繁殖，周而复始，加上外界不断补充的植物营养物，其结果是藻类大爆发，鱼类大量死亡，水质恶化。

（3）重金属。水污染中的重金属污染是指汞、镉、铅、铬和非金属砷等五种生物毒性显著的元素。这五种元素的特点是不能被微生物降解，只能在各种形态之间相互转化，在此过程中会出现分散和富集的现象。

汞在水中的转化有两条途径：小部分挥发进入大气；大部分沉降进入底泥，受到微生物的作用转化为甲基汞或二甲基汞。二甲基汞易被水生物吸收，并通过生物链不断富集。汞蒸汽对人体危害极大，主要损害大脑、肝、肾等器官。

镉、铅、铬和砷为固态金属或非金属，不溶于水，但能被人体直接吸收，对人体产生毒害作用或产生病变。

生物体从周围环境中蓄积污染物，使这些污染物在生物体内的含量超过其生存环境中的含量，称为生物富集。常用富集系数（CF）来反映生物对污染物的富集程度。

$$CF = \frac{水生物体内污染物元素或化合物含量}{环境水体中该元素或化合物的含量}$$

许多生物对重金属的富集系数达到 $10^2 \sim 10^4$。如淡水鱼对汞的富集系数为 1×10^3，无脊椎动物对汞的富集系数为 1×10^5；藻类对铬的富集系数为 4×10^3。

（4）农药。对环境和人体有害的农药主要是一些有机氯农药和含有汞、铅、砷等重金属的制剂，以及某些除锈剂。农药残渣通过饮水和食物进入人体，在人的脂肪、肝脏、肾脏中积累，影响这些器官的正常功能。

（5）石油类。石油及其制品进入水中，主要会发生扩展、蒸发、溶解、卤化、光化学氧化等复杂的物理和化学变化，不易氧化分解的部分会形成沥青块，并沉入水底。

石油及其制品对水环境的污染是因为其破坏了水生物的正常生活环境，造成生物机能障碍，部分成分还有一定的毒性。

（6）酚类。酚类是指一类含苯环化合物。可以分为单元酚、多元酚；挥发性酚、非挥发性酚。酚类存在于各种工业废水中，目前是水体的第一污染物。酚类是细胞原浆毒物，低浓度能使细胞变质，高浓度能使细胞沉淀，对各种细胞具有直接损害作用。

水体中酚类的净化途径：分解、挥发、化学氧化、生物化学氧化等，以生物化学氧化为主。

（7）氰化物。氰化物主要有两类：一是无机氰，如氢氰酸及其盐类——氰化钠、氰化钾；二是有机氰或腈，丙烯、乙腈等。氰化物是人工制造的产物，存在于多种工业废水中。

氰化物是剧毒物物质，对鱼类和其他水生物危害较大。简单的氰化物经口、呼吸道、皮肤进入人体，造成呼吸困难、呼吸衰竭，导致死亡。

（8）热。动力工业冷却水是造成水体升温的主要热污染源。水体热污染的直接效应是使水体溶解氧发生显著变化。溶解性气体饱和会使鱼类等水生物患气泡病，威胁水生物的生存。水温提高还会使许多毒性物质的毒性增强。

（9）酸碱及一般无机盐类。酸、碱一般来自工业废水，酸、碱废水中和还会产生各种盐类，他们与地表物质反应也能产生一般无机盐类。所以，酸碱污染也伴随着无机盐类污染。酸碱污染会消灭或抑制细菌和微生物的生长，削弱水体的自净功能。酸碱还会改变水体的 pH 值，增加水体无机盐类的含量和水的硬度，降低水质指标。

（10）放射性物质。放射性物质主要来自化工、医学、农业等行业的废水，水体污染最危险的放射性物质是^{90}Sr、^{137}Cs 等，其放射性半衰减期长，可以经水和食物进入人体，对人体产生放射性辐照，会引起病变。

（11）病原微生物和致癌物质。病原微生物和致癌物质主要来自生活、医院、畜牧和工业废水。病原微生物有三类：病菌，如大肠杆菌、痢疾杆菌等；病毒，如麻疹、流行性感冒病毒等；寄生虫，如疟原虫、血吸虫等。致癌物质主要有三大类：多环芳烃、杂环复合物和芳香胺类。

1. 咸潮

咸潮主要发生在感潮河道和河口。海洋受月球引力的作用，发生周期性的潮位涨落变化，一般其变化周期为 12.5h。当河道来水流量减小或海潮位升高时，海水会沿河道上溯，大量盐分（氯根）进入河道，使河道水体含盐量大幅升高。海水入侵到取水口时，会影响滨海城市供水系统，造成城市缺水，影响滨海城市社会和经济的正常秩序。

另外，由于海水的注入，给感潮河段带来大量的溶解氧，大量的海水使污染物被混合和稀释，增加河道的同化能力，加速有机污染物的分解，改善河道的水质。

2. 干旱缺水

干旱和缺水情况，也会造成江河湖泊水域水质下降。前面已讨论过咸潮对河道水质的影响，干旱和缺水是导致咸潮入侵的一个主要原因。干旱和缺水会使水域污染物的浓度上升，同时还使水体自净能力降低，进一步加剧水质恶化。另外，干旱和缺水危及水生物的生存，造成大量水草、藻类和鱼类死亡，使水体富营养化，形成藻类死亡—分解成大量的植物营养物—促进藻类繁殖的循环，严重恶化水质，破坏水生态。

二、水利工程对水体复氧能力的影响

水体溶解氧是水质的重要指标，Ⅱ类水的溶解氧为 6mg/L 以上，而且溶解氧是水体降解耗氧物质的必要条件，对水体的净化能力有重要的影响。因此，为了改善河流、湖泊的生态环境，保持良好的水质，提高河流、湖泊的溶解氧含量是十分重要的措施。水利工程对增加水体的溶解氧有一定的作用。蓄水工程使河道水体体积增大、水面增大、流速减小，有利于水体复氧，提高水体对耗氧物质的降解能力。

1. 水库（湖泊）的复氧能力

静止水面的复氧主要靠分子的扩散运动以及大气与水面相互摩擦作用，但水体的大气复氧是一个复杂的过程。在目前研究中提出的复氧理论主要有扩散理论、双膜理论、薄膜更新理论、大旋涡模型等，由于缺乏严格的试验论证，在实际运用中仍有较大的局限性，还需要进一步的研究和探索。

扩散理论比较适应水库（湖泊）的复氧能力估算。根据扩散理论，大气向水体的复氧运动是气相与液相之间分子的扩散过程，其理论基础是菲克（Fick）定律：

$$M = -E_m \frac{\partial O}{\partial z} \tag{2-25}$$

式中　M——氧分子扩散通量，$mg/(m^2 \cdot d)$；

　　　E_m——氧在水中的分子扩散系数，m^2/d；

　　　O——溶解氧浓度，mg/L；

　　　z——水深方向的坐标。

根据式（2-25）可以导出水库（湖泊）的复氧过程的基本方程：

$$\frac{\partial O}{\partial t} = E_m \frac{\partial^2 O}{\partial z^2} \tag{2-26}$$

根据双薄膜理论，水表面的溶解氧含量达到饱和状态，即

$$O_s = \frac{468}{31.6 + T} \tag{2-27}$$

式中　O_s——饱和溶解氧浓度，mg/L；

　　　T——水温，℃。

大气中的氧分子进入水体表层液膜的速度为

$$\frac{dm}{dt} = \frac{AE_m}{l}(O_s - O_c) \tag{2-28}$$

式中　$\dfrac{dm}{dt}$——t 时刻溶解氧穿越水体表层液膜的速度，mg/d；

　　　A——水体表面积，m^2；

　　　O_c——$Z=0$ 除液膜下的水体溶解氧浓度，mg/L；

l——液膜厚度，m。

t 时刻溶解氧穿越单位面积表层液膜的速度

$$\frac{\mathrm{d}O_c}{\mathrm{d}t} = \frac{E_m}{l}(O_s - O_c) \tag{2-29}$$

其中

$$O_c = \frac{m}{A}$$

由于液膜厚度很小，大气氧穿越液膜的速度远大于溶解氧在水体内的扩散速度，因此水库（湖泊）复氧计算的边界条件为

$$O(0,t) = O_s \tag{2-30}$$

根据水库（湖泊）水温垂直分布的经验公式

$$T_z = (T_0 - T_b)\mathrm{e}^{\left(\frac{-z}{G}\right)^n} + T_b \tag{2-31}$$

$$n = \frac{15}{j^2} + \frac{j^3}{35} \tag{2-32}$$

$$G = \frac{40}{j} + \frac{j^2}{2.37(1+0.1j)} \tag{2-33}$$

式中　T_z——水库表面下水深 Z(m) 处的月平均水温，℃；

　　　T_0——库表月平均水温，℃；

　　　T_b——库底月平均水温，℃；

　　　j——月份，$j=1$、2、3、…、12。

当水库表面水温高于库底水温时，水库（湖泊）水温随深度下降。根据式（2-27），水库（湖泊）的饱和氧浓度随深度增大，因此，水库（湖泊）溶解氧的扩散不受饱和氧浓度的限制。

如果考虑波浪的影响，水库复氧速率有一个增项，即

$$\frac{c}{H}\sqrt{\frac{h}{\tau\lambda}}(O_s - O) \tag{2-34}$$

式中　H——水库水深，m；

　　　h——波浪高度，m；

　　　λ——波浪长度，m；

　　　c——常数，$c=0.27$；

　　　τ——波浪周期，s。

考虑波浪的影响时，水库复氧过程基本方程可写为

$$\frac{\partial O}{\partial t} = E_m \frac{\partial^2 O}{\partial z^2} + \frac{c}{H}\sqrt{\frac{h}{\tau\lambda}}(O_s - O) \tag{2-35}$$

方程（2-35）的稳态方程为

$$E_m \frac{\partial^2 O}{\partial z^2} + \frac{c}{H}\sqrt{\frac{h}{\tau\lambda}}(O_s - O) = 0 \tag{2-36}$$

边界条件为

$$z = 0, \quad O = O_s \tag{2-37}$$

$$z = H, \quad \frac{\mathrm{d}O}{\mathrm{d}z} = A_x \tag{2-38}$$

式中　A_x——底泥氧的耗散率，mg/m^4。

稳态方程的解为

$$O = O_s + A_{(e^{\omega x} - 1)} \qquad (2-39)$$

$$\omega^2 = \frac{c}{E_m H} \sqrt{\frac{h}{\tau \lambda}} \qquad (2-40)$$

$$A = \frac{A_x}{\omega e^{\omega H}} \qquad (2-41)$$

2. 河道的复氧能力

河道水体复氧能力主要取决于水流与大气的摩擦作用，分析计算模型为薄膜更新理论，忽略河道垂直方向的变化，采用断面平均值分析，则水体溶解氧的迁移扩散方程为

$$U \frac{\partial O}{\partial x} = E_x \frac{\partial^2 O}{\partial x^2} - K_1 C + K_2 (O_s - O) \qquad (2-42)$$

式中　U——段面平均流速，m/s；

　　　C——段面平均 BOD 的浓度，mg/L；

　　　O——段面平均溶解氧的浓度，mg/L；

　　　x——段面距离坐标，km；

　　　O_s——段面实测水温的饱和溶解氧，mg/L；

　　　K_1——BOD 衰减系数，1/d；

　　　K_2——水面从大气复氧的复氧系数，1/d；

　　　E_x——纵向离散系数，m^2/s；

其中复氧系数估算主要公式有：

（1）斯佳特—费尔普斯（Streeter 和 Phelps，1925）公式。

$$K_2 = CU^n H^{-2} \qquad (2-43)$$

式中　C——经验系数，C 为 13.06~23.96；

　　　n——经验系数，$n = 0.57 \sim 5.40$；

　　　U——平均流速，m/s；

　　　H——平均水深，m。

（2）丘吉尔（Churchill 等，1962）公式。

$$K_{2(20)} = 2.18 U^{0.969} H^{-1.673} \qquad (2-44)$$

或　　　　　　　$$K_{2(20)} = 2.26 UH^{-1.67} \qquad (2-45)$$

$$K_2 = K_{2(20)} \times 1.024^{T-20} \qquad (2-46)$$

式中　$K_{2(20)}$——20℃时的复氧系数；

　　　T——水温，℃；

　　　U——平均流速，m/s；

　　　H——平均水深，m。

（3）欧文（Owens 等，1964）公式。

$$K_{2(20)} = 2.316 U^{0.67} H^{-1.85} \qquad (2-47)$$

或　　　　　　　$$K_{2(20)} = 3.0 U^{0.73} H^{-1.75} \qquad (2-48)$$

$$K_2 = K_{2(20)} \times 1.024^{T-20} \qquad (2-49)$$

式中　T——水温，℃；

　　　U——平均流速，m/s；

　　　H——平均水深，m。

（4）兰贝恩—杜厄姆（Langbein 和 Durum，1967）公式。

$$K_{2(20)} = 2.23UH^{-1.33} \qquad (2-50)$$

$$K_2 = K_{2(20)} \times 1.024^{T-20} \qquad (2-51)$$

式中　T——水温，℃；

　　　U——平均流速，m/s；

　　　H——平均水深，m。

（5）艾萨克斯（Isaacs 等，1968）公式。

$$K_{2(20)} = 2.22UH^{-1.5} \qquad (2-52)$$

$$K_2 = K_{2(20)} \times 1.024^{T-20} \qquad (2-53)$$

或

$$K_2 = 2.057UH^{-1.5} \qquad (2-54)$$

式中　T——水温，℃；

　　　U——平均流速，m/s；

　　　H——平均水深，m。

（6）克莱科尔—奥洛伯（Krenkel 和 Orlob，1962）公式。

$$K_{2(20)} = 2.4 \times 10^{-2} E_L^{1.321} H^{-2.32} \qquad (2-55)$$

$$K_2 = K_{2(20)} \times 1.024^{T-20} \qquad (2-56)$$

或

$$K_2 = 2.6\varepsilon_z^{1.237} H^{-2.087} \qquad (2-57)$$

式中　T——水温，℃；

　　　U——平均流速，m/s；

　　　H——平均水深，m；

　　　E_L——纵向离散系数，m²/s；

　　　ε_z——垂向涡扩散系数或垂向紊动扩散系数，m²/s。

矩形明渠纵向扩散系数　　　　　　$E_L = 5.93Hu_*$ $\qquad (2-58)$

　天然河道纵向扩散系数　　　　　$E_L = 0.011\dfrac{B^2U^2}{Hu_*}$ $\qquad (2-59)$

式中　U——平均流速，m/s；

　　　B——水面宽度，m；

　　　H——平均水深，m；

　　　u_*——摩阻流速。

明渠　　　　　　　　　　　　　　$u_* = \sqrt{ghJ}$ $\qquad (2-60)$

式中　h——水深；

　　　J——纵坡降。

（7）尼古尔斯库—罗杰斯基（Negulescu 和 Rojanski，1969）公式。

$$K_2 = 4.74U^{0.85}H^{-0.85} \tag{2-61}$$

式中 U——平均流速，m/s；

H——平均水深，m。

(8) 帕登—格罗纳 (Padden 和 Gloyna，1971) 公式。

$$K_{2(20)} = 1.963U^{0.703}H^{-1.055} \tag{2-62}$$

式中 U——平均流速，m/s；

H——平均水深，m。

一般而言，复氧系数与平均流速 U 和平均水深 H 有关。

$$K_2 = c\frac{U^n}{H^m} \tag{2-63}$$

其中 $c=1.963\sim3.0$，$n=0.5\sim1.0$，$m=0.85\sim1.865$。

3. 堰闸溢流和过水等水工建筑物的复氧功能

水利工程中溢流坝、泄水槽及其他过水建筑物的水流湍急、与空气摩擦激烈，发生掺气现象，其复氧功能强大。根据文献 [29]，溢流坝溢流时的复氧情况见表 2-2。表中 O_s 为饱和溶解氧浓度、O_u 为坝顶水中溶解氧浓度、O_d 为坝址水中溶解氧浓度、r 为氧亏恢复系数，其表达式为

$$r = \frac{O_s - O_u}{O_s - O_d} \tag{2-64}$$

表 2-2　　　　　　　　　　　　溢流坝复氧试验数据

坝体类型	流量 Q (L/s)	水温 (℃)	O_s (mg/L)	O_u (mg/L)	O_d (mg/L)	氧亏恢复系数 r
光滑溢流坝	5.67	13.1	10.39	1.04	4.58	1.609
	8.44	12.8	10.46	0.65	3.33	1.376
	11.02	12.7	10.48	0.51	2.77	1.293
	13.82	12.7	10.48	0.56	3.46	1.413
	16.84	12.7	10.48	0.42	2.34	1.236
阶梯溢流坝	4.04	27.2	7.76	0.34	5.68	3.567
	6.32	27.2	7.76	0.98	6.04	3.942
	8.44	27.2	7.76	0.84	5.45	2.996
	11.02	27.3	7.74	0.99	4.91	2.385
	13.82	27.2	7.76	0.50	5.31	2.963
	16.84	27.2	7.76	1.29	5.39	2.730
粘贴半球的溢流坝	4.04	13.1	10.39	1.21	5.68	1.949
	6.10	12.8	10.46	0.95	6.47	2.383
	8.44	12.7	10.48	1.01	6.56	2.416
	13.82	12.7	10.48	0.81	6.26	2.291
	20.05	12.7	10.48	1.48	6.30	2.153

续表

坝体类型	流量 Q （L/s）	水温 （℃）	O_s （mg/L）	O_u （mg/L）	O_d （mg/L）	氧亏恢复系数 r
光滑橡胶坝	2.55	16.8	9.56	1.17	4.14	1.548
	4.43	17.0	9.52	1.97	4.71	1.570
	6.98	16.3	9.66	3.27	5.78	1.647
	10.65	16.3	9.66	2.47	5.41	1.692
	14.62	16.4	9.64	2.86	5.57	1.666
阶梯橡胶坝	1.25	18.5	9.22	1.48	7.47	4.423
	2.55	18.5	9.22	1.40	6.33	2.706
	4.54	17.7	9.38	1.72	6.22	2.424
	7.42	17.1	9.50	2.52	6.45	2.289
	11.03	17.0	9.52	2.63	6.22	2.088

根据试验成果，水流通过光滑溢流坝后，水体溶解氧浓度增加 4.4～6.18 倍，氧亏恢复系数为 1.236～1.609；水流通过光滑橡胶坝后，水体溶解氧浓度增加 1.77～4.26 倍，氧亏恢复系数为 1.548～1.692。光滑溢流坝和光滑橡胶坝复氧效果很好，说明溢流建筑物复氧功能强大。

三、水利工程对水体纳污能力的影响

1. 水库纳污能力

水体纳污能力需要考虑水质保护标准以及水体的稀释、扩散和自净等因素，一般可以表示为

$$W = (C_n - C_0)Q + K_1 \frac{x}{U} C_n Q \qquad (2-65)$$

令

$$\frac{x}{U}Q = xA = V$$

式中　A——过水断面积；

V——水库库容。

则由式（2-65）可得

$$W = (C_n - C_0)Q + K_1 V C_n \qquad (2-66)$$

式中　W——水体纳污能力，用污染物总量表示；

C_n——水质保护标准，mg/L；

C_0——来水中污染物的浓度，mg/L；

x——距离，m；

Q——流量，m^3/s；

U——流速，m/s；

K_1——污染物衰减系数，d^{-1}。

由微生物增长与其消耗基质之间的关系，可以获得污染物降解速率为

$$\frac{\mathrm{d}C}{\mathrm{d}t} = -\frac{\mu_m XC}{y_0 (K_s + C)} \qquad (2-67)$$

式中　C——基质浓度，mg/L；

$\quad\quad X$——微生物浓度，mg/L；

$\quad\quad \mu_m$——基质浓度较大时的最大比生长速度，d^{-1}；

$\quad\quad K_s$——半速常数，为 $\mu = \mu_m/2$ 时的基质浓度，mg/L；

$\quad\quad y_0$——产量常数，是消耗单位浓度的基质而增长的微生物浓度，mg/L。

当低基质浓度时，式（2-67）可以简化为

$$\frac{\mathrm{d}C}{\mathrm{d}t} = -K_1 C \qquad (2-68)$$

其中

$$K_1 = \frac{\mu_m X}{y_0 K_s}$$

式中　K_1——基质比降解系数，d^{-1}。

K_1 值决定水体的自净能力，对水体纳污能力有较大的影响，然而 K_1 不是恒定的常数，它受到各种因素的影响。水利工程对 K_1 值也会产生一定的影响，主要因素有水温、水力要素和污染物基质的初始浓度等。

（1）水温的影响。对于 BOD 的降解系数，通常取 $T = 20℃$ 为标准状态，用 $K_{1,20}$ 表示，则任意水温下有：

$$K_1 = K_{1,20} \theta^{T-20} \qquad (2-69)$$

式中　T——水温，℃；

$\quad\quad \theta$——温度系数，根据温度变化查表 2-3，一般可取 $\theta = 1.047$。

表 2-3　　　　　　　　　　　　　　　θ 温度系数试验值

θ	适应温度（℃）	试验者	θ	适应温度（℃）	试验者
1.047	9～30	Theirault	1.045	10～30	Orfocrd
1.065	5～20	Morre	1.056	20～30	Schroepfer
1.042	15～30	Gotass	1.135	4～20	Schroepfer
1.109	5～15	Gotass			

（2）水力的影响。根据波斯柯（Bosk）的试验研究，在河流流动状态下与实验室条件下测定同类的水样，河流流动状态下的 K_1 值对比实验室条件下有一增值

$$\Delta K_1 = K_1 - K_{1,L} = \alpha \frac{u}{H} \qquad (2-70)$$

式中　ΔK_1——K_1 的增值，$1/d$；

$\quad\quad K_1$——河流流动状态下的 K_1 值，$1/d$；

$\quad\quad K_{1,L}$——实验室条件下的 K_1 值，$1/d$；

$\quad\quad u$——河流流速，m/s；

$\quad\quad H$——河流水深，m；

$\quad\quad \alpha$——经验系数，见表 2-4。

表 2 - 4　　　　　　　　**α 与河流比降的关系〔蒂尔尼—扬（Tiermey - Young）〕**

J（m/km）	0.33	0.66	1.32	3.3	6.6
α	0.10	0.15	0.25	0.40	0.60

（3）污水初始浓度的影响。根据有关研究，K_1 值与污水污染物初始浓度有关，其经验公式是

$$K_1 = aC_0^b \tag{2-71}$$

式中　C_0——基质初始浓度，mg/L；

　　　a、b——常数。

以奥德（Order）河为例：$a=0.00025$，$b=0.766 \sim 2.23$，即

$$K_1 = 0.00025C_0^{2.206} \tag{2-72}$$

以上各计算公式反映水利工程形成的水库对水体纳污能力各因素的影响，其中式（2-66）说明水库库容对水体自净能力的影响是巨大的，库容越大，水体自净能力越大。其次水库对于突发的水污染事件的处理有巨大的作用，水库库容大，稀释能力强，可以大大降低污染物的浓度。

2. 水库水质调蓄分析

随着社会经济的发展，城市水污染越来越严重，人们对水环境的改善要求也越来越迫切，城市防洪水利工程和城市水环境水利工程日益得到重视。经济相对发达地区，许多城市结合防洪工程，开展城市水环境水利工程建设，兴建人工湖，改善城市水环境、美化市容。一方面城市防洪工程中的河岸防洪堤建设和岸边绿化工程，既可以防洪实现防洪目的，也可以改善两岸区域的市容环境；另一方面利用闸坝蓄水，形成人工湖，做到蓄水美化城市市容。同时，水库能净化水质，改善水环境，提高城市河流的水环境容量。

城市防洪水利工程和水环境水利工程本身都没有直接的工程效益，都是公益性水利工程。城市水环境水利工程的社会效益主要体现在它以良好的市容环境，改善城市市民的公共生活质量，提高旅游业的吸引力，使当地房地产增值，改善投资环境，有利于城市对外的招商引资，促进经济发展。因此，水环境水利工程将会有一个比较大的发展。

水环境水利工程实现的工程目标是改善水环境，要定量反映和评价工程对水环境的改善，需要利用水环境预测来分析计算。但是水环境质量受天然流量和水库运作方式影响，具有一定的随机性，存在不确定性问题，因此要引入必要的统计指标。

目前水利正从工程水利逐步转为资源水利的阶段，水利工程将更加重视水利工程对环境的影响，更加重视水利工程的环境效能、效益。水利工程的环境效能、效益评价，特别是定量评价，是工程界需要解决的迫切问题。水环境水利工程的目的是改善水质，治理水环境，提高水环境容量。一般来说，城市水环境水利工程的水库库容有限，不具备调节能力，是无调节水库。入库流量等于泄水流量，主要利用水库容积，使污水自然修复（降解），达到改善水质的目的。

对水环境影响的因素包括水库运用方式、天然来水过程、水库（河道）的流态等。由于天然来水情况是随机的，这种不确定性影响着此类水环境水利工程的评价。因此，对城区河段水环境影响的评价必须对整个运行过程进行，水环境水利工程对城区河流水环境改

善的评价带有随机性，应以统计量来表示，即水质（污染物浓度）的保证率来评价。

在多年的运行期间，河流（段）水质不低于Ⅰ（Ⅱ、Ⅲ）类水质的几率，称为Ⅰ（Ⅱ、Ⅲ）类水质保证率，用符号 $P_{Ⅰ(Ⅱ、Ⅲ)}$ 表示。

在多年的运行期间，河流（段）水体中某污染物的浓度低于 C_P 的几率，称为该污染物浓度 C_P 的保证率，用符号 P_C 表示。

根据天然来水资料特点，河流水质的保证率一般以月（旬）单位逐时段计算，由长系列计算结果进行统计分析，计算出水质保证率。由于城市水环境水利工程的库容有限、水域范围小，而且评价是从整体平均情况来考察。因此，河流水质分析的水利计算采用零维河流（均匀混合水体）水质稳态计算基本方程。

（1）水量平衡基本方程。

$$\frac{\mathrm{d}V}{\mathrm{d}t} = Q_i - Q \tag{2-73}$$

式中　V——库容，m^3；

　　　Q_i——入库流量，m^3/s；

　　　Q——出库流量，m^3/s。

（2）水质迁移转化基本方程。

$$\frac{\mathrm{d}VC}{\mathrm{d}t} = Q_iC_i - QC + W_0 - K_1VC \tag{2-74}$$

式中　C——水库 t 时刻的污染物浓度，$\mathrm{mg/L}$；

　　　C_i——入库水流污染物浓度，$\mathrm{mg/L}$；

　　　W_0——向水库的排污强度，$\mathrm{g/d}$；

　　　K_1——污染物的降解系数，$1/\mathrm{d}$。

式（2-73）、式（2-74）的稳态解为

$$Q_i = Q \tag{2-75}$$

$$C = \frac{C_i + \dfrac{W_0}{Q}}{1 + \dfrac{K_1V}{Q}} \tag{2-76}$$

由于城市环境水利工程的规模不大、库容小，其水质主要取决于几种污染物。因此，采用单组分水质模型进行水质评价计算。

确定水库下游河道水质达标的保证率，一般采用统计分析来确定，主要方法有三种：①通过对长系列来水资料的列表计算，统计达标的时段数，计算其概率即保证率；②通过对三个典型代表年的来水资料进行列表计算，并对达标的时段进行统计，再计算出其保证率；③只对设计水平年的来水过程进行水质分析列表计算，根据枯水时段的水质来判断其是否满足设计保证率要求。

以上计算方法主要是统计在水库的正常运行期间，下游水质达到设计标准的保证程度，可以根据不同的资料选择相应的计算方法计算。

【例2-2】　某城市水环境水利工程，在市区河道的下游建设一拦河闸坝，以美化市容环境。已知水库容积为 $V = 595$（万 m^3），入库水流污染物浓度为 $c_i = 0.35$（$\mathrm{mg/L}$），

污染物的降解系数为 $K_1 = 0.1$（1/d），库区排污强度 $W_0 = 39.26$（kg/d），三个典型年份的入库流量见表 2-5。求保证率为 80% 的污染物浓度。

解： 如果流量单位为 m^3/s，式（2-76）可写为

$$C = \frac{0.35 + \dfrac{39.26}{Q \times 24 \times 3.6}}{1 + \dfrac{0.1 \times 595}{Q \times 24 \times 0.36}}$$

计算结果见表 2-6。以上结果统计分析，平均值为 0.260mg/L，标准偏差 0.0424，排频分析结果如表 2-7。

所以，保证率为 80% 的污染物浓度为 $C = 0.306$mg/L。

表 2-5　　　　　　　　　　　三个典型年份的入库流量过程表

$P=80\%$	月份	3	4	5	6	7	8	9	10	11	12	1	2
	流量（m^3/s）	7.9	13.6	19.7	11.7	7.8	7.9	36.0	43.6	20.3	8.5	6.3	6.2
$P=50\%$	月份	3	4	5	6	7	8	9	10	11	12	1	2
	流量（m^3/s）	13.0	11.3	17.3	7.7	30.0	57.7	65.0	39.1	15.6	6.5	6.5	7.6
$P=20\%$	月份	3	4	5	6	7	8	9	10	11	12	1	2
	流量（m^3/s）	12.6	8.8	26.2	14.2	35.5	25.7	94.0	97.6	48.0	20.1	7.3	9.0

表 2-6　　　　　　　　　　三个典型年份污染物浓度计算结果表

$P=80\%$	月份	3	4	5	6	7	8	9	10	11	12	1	2
	C（mg/L）	0.218	0.255	0.276	0.245	0.217	0.218	0.304	0.311	0.278	0.223	0.202	0.201
$P=50\%$	月份	3	4	5	6	7	8	9	10	11	12	1	2
	C（mg/L）	0.252	0.242	0.269	0.216	0.297	0.320	0.323	0.307	0.263	0.204	0.204	0.215
$P=20\%$	月份	3	4	5	6	7	8	9	10	11	12	1	2
	C（mg/L）	0.250	0.225	0.291	0.257	0.304	0.290	0.331	0.331	0.314	0.278	0.212	0.227

表 2-7　　　　　　　　　　　　排 频 分 析 成 果

C（mg/L）	0.2	0.215	0.25	0.3	0.306	0.321	0.331
保证率 P（%）	2.7	16.2	43.2	73.0	80	90	97

第三节　水环境需水及其调节

一、水环境需水

在自然水文循环过程中，陆地上降水的一部分（约 34%）转化为地面径流和地下径流，进入河道，并形成河道的水流过程。径流过程是一个比较复杂的过程，与人类活动如水资源的开发利用和水环境保护等生产经济活动密切相关。

在陆地上降雨会产生水量损耗：植物截留、向土中下渗、填洼等。降雨量超过损耗量才开始产生地面径流，形成地面径流的净雨，称为地面净雨。下渗到土中的水分，首先被

土壤吸收，超出部分中的一部分会从坡侧土壤孔隙流出，注入河槽形成径流；另一部分会继续向深处下渗，到达地下水面后，以地下水的形式补给河流，称为地下径流。形成地下径流的净雨称为地下净雨，包括浅层地下水（潜水）和深层地下水（承压水）。地下净雨向下渗透到地下潜水面或深层地下水体后，沿水力坡度最大的方向流入河网，称为坡地地下汇流。深层地下水汇流很慢，所以降雨以后，地下水流可以维持很长时间，较大河流可以终年不断，是河川的基本径流，所以常称为基流，其流量是河道水环境容量的基本保障。

城市河道的水质问题受到众多因素的影响，例如城市地面硬底化，地面均受到人工干扰，自然沟壑、水塘被填平，地下水得不到补充，丧失对雨水的调蓄功能，雨水即降即排，自然水文条件遭到破坏，基流消失，使河流丧失最基本的纳污能力，加上生活污水的排放，使得城市河道水质日益严峻。

因此，恢复城市地下水的补给，提高城地地表对雨水的拦蓄能力是十分重要的，并逐步修复城市河道的自然水文过程，必要时建设一定的引水或引潮冲污工程，促进水循环，提高河道水体复氧能力，稀释污染物的浓度，改善城市河道的水环境，重建城市河道良好的水文过程。

二、蓄潮冲污

城市感潮河道受到潮水位的影响，每天的水位涨落有利于河道水量交换和循环，对改善河道水质有一定作用，但是由于潮位涨落速度缓慢，对于较长的河道，水流流速较小，河道水量交换不充足，冲污作用较小。为了充分发挥潮水位涨落的冲污作用，可以利用水利工程，蓄潮冲污。在河道中下游设置控制闸，拦蓄潮冲污。运行方式是涨潮时，开闸引潮，让潮水充分灌满河道；当潮水位达到最高时，关闸蓄水，将水闸上游河道潮水拦蓄起来，等待下游河道退潮，当下游水位降落到一定的低水位时，突然开闸排水，在河道形成一定规模的溃坝洪水；利用高速的溃坝洪水冲刷河道，防止淤积、冲刷污物，加速水量交换，改善水质。

1. 闸址处的最大流量

开闸冲污时的最大流量应根据实际运行情况考虑，当水位差较大时，且开闸速度较快，可按溃坝公式计算，反之，应按水闸过流公式计算。

（1）溃坝计算公式。发生溃坝水流的条件是临界流判断式

$$\frac{h_2}{H_0} \leqslant \frac{1}{3.214}\left(\frac{2m}{2m+1}\right)^2 \tag{2-77}$$

$$A = \frac{HB}{m}$$

式中　h_2——闸坝后下游恒定流水深，m；

H_0——闸坝前水深，m；

m——表征河槽断面状的指数；

A——河道断面积；

H——河道断面高度；

B——河道断面宽度。

满足临界流判断式（2-77），并且水闸与河道宽度相同时，闸址处最大溃坝流量为

$$Q_m = 0.296B\sqrt{g}H_0^{\frac{3}{2}} \tag{2-78}$$

满足临界流判断式（2-77），并且水闸比河道宽度小时，闸址处最大溃坝流量为

$$Q_m = \frac{8}{27}\left(\frac{B}{B_0}\right)^{\frac{1}{4}}B_0\sqrt{g}H_0^{\frac{3}{2}} \tag{2-79}$$

式中　B_0——水闸宽度，m。

（2）水闸过流公式。为了便于冲污，一般采用宽顶堰水闸。闸门开启速度适当降低，避免因水流过大，而对河床的冲刷破坏，这时采用水闸宽顶堰流计算公式

$$Q = \sigma\varepsilon m B_0\sqrt{2gH_0^3} \tag{2-80}$$

式中　ε——侧收缩系数；

　　　σ——堰流淹没系数。

单孔闸时，侧收缩系数为

$$\varepsilon = 1 - 0.171\left(1 - \frac{b_0}{b_s}\right)\sqrt[4]{\frac{b_0}{b_s}} \tag{2-81}$$

多孔闸，闸墩墩头为圆弧形时，侧收缩系数为

$$\varepsilon = \frac{\varepsilon_z(N-1)+\varepsilon_b}{N} \tag{2-82}$$

$$\varepsilon_z = 1 - 0.171\left(1 - \frac{b_0}{b_s+d_z}\right)\sqrt[4]{\frac{b_0}{b_s+d_z}} \tag{2-83}$$

$$\varepsilon_b = 1 - 0.171\left(1 - \frac{b_0}{b_0+\frac{d_z}{2}+b_b}\right)\sqrt[4]{\frac{b_0}{b_0+d_z/2+b_b}} \tag{2-84}$$

堰流淹没系数的计算公式为

$$\sigma = 2.31\frac{h_s}{H_0}\left(1 - \frac{h_s}{H_0}\right)^{0.4} \tag{2-85}$$

式中　B_0——闸孔总净宽，m；

　　　Q——过闸流量，m³/s；

　　　H_0——计入行近流速水头的堰上水深，m；

　　　m——堰流流量系数，可采用0.385；

　　　b_0——每孔净宽，m；

　　　b_s——上游河道一半水深处的宽度，m；

　　　ε_z——中闸孔侧收缩系数；

　　　ε_b——边闸孔侧收缩系数；

　　　g——重力加速度，可采用9.81m/s²；

　　　N——闸孔数；

　　　d_z——中闸墩厚度，m；

　　　b_b——边闸墩顺水流向边缘至上游河道水边线之间的距离，m；

h_s——由堰顶算起的下游水深，m。

2. 闸址处的流量过程

在排水过程中河道水量逐步减少，水位逐渐下降，水闸处的流量随着河道水位的下降会不断减小。根据溃坝计算公式可以计算闸址处的流量过程，用于判断蓄潮冲污的效率。闸址处的流量过程一般可概化为 4 次和 2.5 次抛物线，其流量过程见表 2－8、表 2－9。

表 2－8　4 次抛物线过程表

t/T	0	0.05	0.1	0.2	0.3	0.4
Q/Q_m	1.0	0.62	0.48	0.34	0.26	0.207

表 2－9　2.5 次抛物线过程表

t/T	0	0.01	0.1	0.2	0.3	0.4	0.5	0.6	1.0
Q/Q_m	Q_0/Q_m	1.0	0.62	0.45	0.36	0.29	0.23	0.15	Q_0/Q_m

其中 T 为泄空时间，由可泄库容 W 和最大流量 Q_m 来确定。

$$T=K\frac{W}{Q_m} \qquad (2-86)$$

式中　K——系数，对于 4 次抛物线，$K=4\sim5$；对于 2.5 次抛物线，$K=2.5$。

计算方法是根据式（2－86）初步确定 T，按照表 2－8 或表 2－9 的流量过程计算排水总量，并与可泄库容 W 比较，反复试算，直至计算排水总量等于可泄库容 W。

3. 全河道的冲刷效果

（1）水闸上游河道流速分析。溃坝产生的降水波向上游不断传播，河道水位不断下降、流速增加。上游河道的最大冲污流速取决于河道水位降落程度。设上游河道未受溃坝降水水波影响断面的静态水深为 H_0，降水波影响断面的水深为 h，则受降水波影响断面的流速为

$$v=2\left(\sqrt{gH_0}-\sqrt{gh}\right) \qquad (2-87)$$

由此可见，受到降水波影响断面的流速大小取决于水位将落的幅度。

（2）水闸下游河道溃坝洪水的演进。溃坝洪水沿河道推进过程中，由于河道的作用和水波的扩散运动，下游河道各断面的流量过程线逐渐平坦化，下游河道各断面的峰流量逐渐变小，根据经验公式，各断面的峰流量 Q_{lm} 由下式计算

$$Q_{lm}=\frac{Q_m}{\dfrac{W}{Q_m}+\dfrac{L}{Kv}} \qquad (2-88)$$

式中　L——计算断面到闸址的距离，m；

　　　v——计算断面洪水期最大平均流速，采用历史上的最大值，或按山区 3.0～5.0m/s、半山区 2.0～3.0m/s、平原 1.0～2.0m/s 选取；

　　　K——经验系数，或按山区 1.1～1.5、半山区 1.0、平原 0.8～0.9 选取。

即按经验，山区 $Kv=7.15$，半山区 $Kv=4.76$，平原 $Kv=3.13$。

峰流量到达断面的时间为

$$t_2 = K_2 \frac{L^{1.4}}{W^{0.2} H_0^{0.5} h_m^{0.25}} \qquad (2-89)$$

式中 K_2——系数,一般为 $0.8 \sim 1.2$;

       h_m——计算断面峰流量到达时的水深,可根据 Q_{lm} 查计算断面的流量—水深关系曲线求得。

第三章 水利工程生态功能

第一节 河流生态评估

河流生态评估主要对其生态功能进行评估。河流生态功能之间存在复杂的关系，内容繁杂，涉及多个学科，很难全面评价，一般从物理、化学和生物功能方面进行评价。根据《生态水利工程原理与技术》（董哲仁，孙东亚，等，中国水利水电出版社.2007），河流生态主要评估指标见表3-1～表3-3。

表 3-1　　　　　　　　　　　　物 理 功 能

功　能	内　容	指　标
地表水短期蓄存	洪水期和季节高水位期在河道和河岸短期蓄水，调节径流	存在漫滩、河岸湿地和洼地
地表水长期蓄存	为水生物提供栖息地。提供低流速、低氧环境。维持基流、季节径流和土壤含水量	在河道漫滩全年存在的地貌特征：湖泊、池塘、湿地和沼泽等
地表水与地下水之间的联系	丰水季节河水补给地下水，枯水季节地下水补给河水。进行化学物质、营养物质和水交换。维持栖息地的连通性	在漫滩下面存在无脊椎动物。强透水土体
地下水	地下河岸带廊道长期蓄存水。维持基流量、季节性径流和土壤含水量	土壤含水状况，水生植物
能量过程	河道消能：水力摩擦、输送泥沙、河岸侵蚀。栖息地多样性，增加水体含氧，产生热能	河道宽、深、坡降、糙率等特征的变化。侵蚀、淤积模式的变化。含沙量
维持泥沙过程	泥沙侵蚀、输移、淤积和固结以及悬沙分选和粗化等相关过程。栖息地创建、营养物质循环、水质控制	床沙特性、河滩淤积、河岸侵蚀、活动沙洲、先锋植物、河沙补给模式
河床演变	维持系统内适宜的能量水平、维持生态的多样性和演变交替	河流断面、坡降、平面形态的系统性改变；河床粗化或泥沙分选
提供栖息地和底质	河流（河岸和底质）特征的物理、水文和水力等方面的特征	深潭、浅滩、平面的形态、水深、流速、掩蔽物、底质和河滩地等的分布和组成
保持温度	为现存生物保持适宜的温度，提供适宜的小气候	岸边有植物群落。存在温度适应性差的生物。高溶解氧

表 3-2　　　　　　　　　　　　化 学 功 能

功　能	内　容	指　标
保持水质、溶解氧，缓冲 pH 值，保持导电率，控制病原菌、病菌，除去或迁移污染物，调节金属元素循环	河流保持健康生物群落所必需的水质参数	水质指标
维持营养物质循环，主要是碳、氮、磷	维持正常的营养物质循环能力	主要营养物质参数指标

表 3 - 3 　　　　　　　　　　　　　　生　物　功　能

功　　能	内　　容	指　　标
提供栖息地 　一级：满足食物、空气、水和掩蔽物需要； 　二级：满足繁衍需要； 　三级：满足生长需要，包括安全、迁徙、越冬	河流满足水体和河岸带生物群落栖息地需求能力	栖息地的组成、结构、范围、可变性、多样性等。关键指示物种的存在与消失
生产有机碎屑，促进微生物、水生附着生物、无脊椎动物、脊椎动物和植被的生长	河流促进有机体生长的能力	指示物种的存在与丰度。碎屑的存在与丰度。碎屑的分解
保持演替过渡	河流提供动态变化的区域。有利于植被的演替，有益于遗传变异性和植物物种的多样性	动态蜿蜒带和边滩。存在多物种和龄级不同的植物。先锋物种的出现
保持营养复杂度	河流保持生产者与消费者之间最优平衡关系的能力	有机碎屑及其分解。无脊椎消费者的存在。水生附着生物在底质上的生长

第二节　改　善　小　气　候

对生态影响较大的水利工程建设项目主要是大中型水利工程、城市区域防洪治涝工程、大型水土保持工程和小流域治理工程，这些工程对水域分布、规模、地表植被、地表土层和集水区汇流特性的影响较大，对生态环境影响也大，除了要克服水利工程对生态环境带来的负面影响外，还需要充分发挥其生态功能。

一、空气负离子增产功能

负离子（NAI）是由 O^{2-}、OH^-、O^- 等与若干 H_2O 结合形成的原子团，对人体有益并具有环保功能的主要负离子是指 $O^{2-}(H_2O)_k$ 和 $OH^-(H_2O)_k$ 这两种，负离子远不止这两种。负离子对人体非常有益[19]，其主要作用包括缓解人的精神紧张和郁闷；具有镇静、催眠和降低血压作用，使脑电波频率加快，运动感时值加快，血沉变慢，使血的黏稠度降低，血浆蛋白、红细胞血色素增加，使肝、肾、脑等组织氧化过程增强，提高基础代谢，促进蛋白质代谢，加强免疫系统，对保健、促进生长发育有良好的功效。负离子还具有杀菌、净化空气的作用，负离子与细菌结合后，使细菌产生结构的变化或能量的转移，导致细菌死亡。

负离子无论对人类，还是对环境都是非常有益的。负离子是在特定的气候环境下产生的，水环境是产生空气负离子的重要条件。根据有关研究[20]表明，空气负离子的浓度正比于空气湿度，与水环境密切相关。这与负离子的结构有关，负离子本身就是与水结合形成的原子团，因此，水是形成负离子的基础。水利工程增加空气中的湿度，加上水利工程周边的绿化带和水生植物保护，提供了负离子产生的良好环境和基本条件，水利工程在改善小气候方面具有重要作用。

目前，水利工程对增加空气负离子和改善小气候的量化分析体系没有建立起来，但是有关研究已能说明问题，例如文献［20］的实测数据见表3-4，表中反映对于空气负离子浓度及空气质量而言，有水环境远好于无水环境。根据文献［20］分析，各种植被和环境搭配的空气质量排序为：乔灌草＋流水结构＞小溪流＞乔灌草＞乔灌、乔草＞草坪、稀灌草＞乔铺、稀乔。由此可见，城市河道治理必须考虑河堤周边配套的绿化工程，主要利用河堤临水侧的水陆过渡段种植大量的水生植物和草，河堤背水侧的地带主要种植乔灌类植物，形成乔灌草＋流水结构，营造负离子丰富的小气候。

表3-4　　　　　　　实测某地区不同环境和植物的空气负离子浓度　　　　单位：100个/cm³

项目	月份	植物配置类型	郁闭度	正离子浓度	负离子浓度	CI
无水环境	8	稀乔	0.1	1.63	1.53	0.144
		乔铺	0.2	1.94	1.72	0.152
		稀灌草	—	2.81	2.15	0.165
		草坪	—	1.59	1.75	0.193
		乔木	0.4	2.05	2.25	0.247
		乔草	0.5	5.66	5.34	0.504
		乔灌	0.4	2.83	3.83	0.518
		乔灌草	0.85	8.4	13.54	2.183
		平均		3.364	4.014	0.513
	10	乔灌草	0.7625	17.9	18.8	1.975
		乔木	0.3	11.0	11.6	1.223
		灌草	—	14.5	13.3	1.220
		草坪	—	13.8	12.3	1.096
		平均		15.5	15.7	1.379
有水环境	8	静水	0.2	1.67	2.48	0.368
		小溪流	0.5	12.63	24.05	4.580
		乔灌草流水	0.95	96.6	98.64	10.072
		平均		15.5	16.08	5.007

表中 CI 为空气质量评价指数，计算式为

$$CI = \frac{N^-}{1000q}$$

$$q = \frac{N^+}{N^-}$$

式中　　N^-——空气负离子浓度，个/cm³；

　　　　N^+——空气正离子浓度，个/cm³；

　　　　q——单极系数。

文献［21］的实测结果，表明空气湿度对负离子产生有很大的影响，两者的相关性最大，达到 0.849。有关空气负离子的浓度与气候因子的相关系数见表 3-5。

表 3-5　　　　　　　　　　　　气负离子的浓度与气候因子的相关系数

项　目	负离子	风速	噪音	粉尘含量	相对湿度	光强	温度
负离子	1	−0.5402	−0.5741	−0.7113	0.849	−0.7533	−0.7777
风速	−0.5402	1	−0.0838	0.1178	−0.4321	0.7901	0.6544
噪音	−0.5741	−0.0838	1	0.8718	−0.367	−0.0175	0.0628
粉尘含量	−0.7113	0.1178	0.8718	1	−0.6284	0.3495	0.3947
相对湿度	0.849	−0.4321	−0.367	−0.6284	1	−0.7918	−0.873
光强	−0.7533	0.7901	−0.0175	0.3495	−0.7918	1	0.9112
温度	−0.7777	0.6544	0.0628	0.3947	−0.873	0.9112	1

二、地表热辐射特性改善功能

现代城市是经济社会发展的中心，随着社会的发展进步，城市化发展速度在不断加快，出现许多人口数量超过数千万的超级大都市，也有许多城市连成一片，形成同城化大都市。大都市发展产生一个非常突出的问题就是城市的热岛效应，由于人口高度集中，大量的生产、生活活动造成大量的热排放，加上高楼大厦下建设密度高，对于长波辐射的吸收作用非常大，对太阳能的反射作用小，导致城市气温明显高于周郊区。导致城市热岛效应的因素主要有：①热排放，高密度的人口和相关的生产、生活活动产生大量的热排放；②热反射，用砖、混凝土、沥青等人工材料铺砌的城市地面，热容量大、对太阳热能的反射率小；③热扩散，密集的高楼大厦建筑物，阻碍热空气流通和热能扩散；④热辐射场，城市的硬质化地面和高楼建筑材料的热容量大，能够吸收大量的太阳热量，对长波辐射吸收作用非常强，使城市变为一个巨大的热辐射场。

城市绿化有助于减小热岛效应，增大城市绿化率是解决城市热岛效应的有效措施。根据文献[22]的观测，气温与影响因素的相关系数见表 3-6。

表 3-6　　　　　　　　　　　　气温与影响因素的相关系数

平均气温	绿化率		水面比率		建筑容积率		人为排放	
	Pearson 相关系数	双尾 t 检验显著水平	Pearson 相关系数	双尾 t 检验显著水平	Pearson 相关系数	双尾 t 检验显著水平	Pearson 相关系数	双尾 t 检验显著水平
全天	−0.755	0.019	−0.826	0.006	0.904	0.001	0.810	0.008
白天	−0.625	0.072	−0.762	0.017	0.823	0.006	0.765	0.016
夜晚	−0.336	0.337	−0.338	0.374	0.488	0.182	0.608	0.082

全天气温与表中各因素具有较显著的强相关特性，值信度达到 95% 以上[22]，各因素的线性相关顺序为建筑容积率＞水面比率＞人为排放＞绿化率。其中绿化率和水面

比率与全天气温成负相关，对降低气温、控制城市热岛效应有重要的作用。绿地和水面在控制气温方面的机理是相同的，分别利用植物的蒸腾作用和水面蒸发现象，将地面吸收的太阳辐射热能以潜热的形式释放到周围空气中，但不升高气温，能有效控制城市热岛效应。

城市蓄水景观水利工程能够有效增加水面比率，同时通过河堤两岸的绿化带提高绿化率，对控制周边小气候、控制城市热岛效应具有良好的作用。城市防洪治涝工程通常要兼顾城市景观建设，一方面通过闸坝拦河蓄水，扩大城市河道的水面积，形成人工湖的水面景观。开阔水面有利于城市冷热空气对流，加速城市热空气扩散；另一方面，在防洪堤岸建设中，为确保行洪断面，通常将堤线内移，增加河道两岸过渡段面积，并在堤外种植水生植物，对堤内侧开阔地带进行绿化，形成一河两岸的绿化带，大大增大河道周边城区的绿化率和水面比率，改善一河两岸的小气候和水环境，减缓城市热导效应。

第三节　涵　养　水　源

水以气态、液态和固态三种形式存在于空中、地面及地下，成为大气中的水、海洋水、陆地水以及动植物有机体内的生物水。它们相互之间紧密联系、相互转化，形成循环往复的动态变化过程，组成覆盖全球的水圈。根据《中国大百科全书·气海水卷》中水资源的定义："地球表层可供人类利用的水，包括水量（质量）、水域和水能资源"，同时又强调"一般指每年可更新的水量资源"。水资源是处于动态变化的，在其循环变化过程中，只有某一阶段（状态）的水量可供人类利用，可利用水量在时空的分布决定水资源的利用率，涵养水源就是使水量在时空的分布更加合理，提高水资源的可利用率。

目前，可利用水主要是降水形成的陆地淡水资源，包括地表水和地下水。所以，在《中国水资源评价》中，区域水资源总量定义为"当地降水形成的地表和地下的产水量"。

降雨是形成地表和地下水的主要过程之一，降雨开始后，除少量直接降落在河面上形成径流外，一部分滞留在植物枝叶上，为植物截留，截留量最终耗于蒸发。落到地面的雨水将向土中下渗，当降雨强度小于下渗强度时，雨水将全部渗入土中；当降雨强度大于下渗强度时，一部分雨水按下渗能力下渗，其余为超渗雨，形成地面积水和径流。地面积水是积蓄于地面上大大小小的坑洼，称为填洼。填洼水量最终消耗于蒸发和下渗。降雨在满足了填洼后，开始产生地面径流。

下渗到土中的水分，首先被土壤吸收，使包气带土壤含水量不断增加，当达到田间持水量后，下渗趋于稳定。继续下渗的雨水，沿着土壤孔隙流动，一部分会从坡侧土壤孔隙流出，注入河槽形成径流，称为表层流或壤中流。形成表层流的净雨称为表层流净雨；另一部分会继续向深处下渗，到达地下水面后，以地下水的形式补给河流，称为地下径流。形成地下径流的净雨称为地下净雨，包括浅层地下水（潜水）和深层地下水（承压水）。

下渗到土中的水，经过地下渗流和涵蓄，能够形成持续的地下径流，地下径流在时空分布上比较合理，有利于开发和利用。涵养水源就是要维持和保护自然的地下径流，增强集水区的地下水的涵蓄能力，地下水经过地层土壤的层层过滤水质良好，而且富含矿物质。

地面的沟壑、湿地、水塘、湖泊和水库等也可以拦蓄地表水，对水流过程重新分配，使之更加合理，可以有效维持生态环境用水和水资源开发。地表水的涵养主要取决于地表坡面汇流和河道汇流特性以及湖泊、滞洪区的调蓄能力，延缓汇流时间，可以减小洪峰流量，增加水量在河流的滞留时间，使得河流流量过程趋于平缓和合理。蓄洪区可以减少洪水灾害，使洪水资源化。

一、改善下垫面下渗条件

涵养水源的效能与植被、土层结构和地理特征有关。在水利工程建设中，通过植被措施、改善土层结构和集水区河流改造等小流域治理措施，改善集水区下垫面下渗强度，提高涵养水源效能。

1. 垫面下渗条件与水源涵养的关系

集水区下垫面的渗流特性决定地下径流的形成和基流量。下垫面的下渗变化规律可按霍顿公式计算

$$f_t = (f_0 - f_c)e^{-kt} + f_c \tag{3-1}$$

式中　f_t——t 时刻的下渗率，mm/h、mm/min、mm/d；

　　　f_0——初始（$t=0$ 时刻）的下渗率，mm/h、mm/min、mm/d；

　　　f_c——稳定的下渗率，mm/h、mm/min、mm/d；

　　　k——下渗影响系数，反映下垫面的土壤、植被等因素。

下垫面的下渗率受到众多的因素影响，式（3-1）反映的是下渗变化规律，其计算精度主要取决于参数 f_0、f_c 和 k 的取值。一般情况下，下垫面各种因素的综合影响主要用径流系数来反映。

城市集水区的特点是有大量的人工建筑物，人工建筑是不透水的集水面，所以一般将集水区分为透水区和不透水区。由于降雨损失是一个复杂的过程，受众多的因素影响，在分析计算中比较难于把握每一个要素，因此在工程计算中，把各种损失要素集中反映在一个系数中——径流系数。一次径流系数是指一次降雨量与所产生的径流深之比，在多次观测中可以获得平均或最大的径流系数，在分析计算中为安全起见一般取偏大的数值。径流系数还与降雨强度有关，降雨强度越大，径流系数也越大。径流系数一般按经验选取，根据不同的地面进行选择或进行综合分析选择。表3-7和表3-8给出经验数值，供工程计算参考。

表 3-7　　　　　　　　　　单一地面覆盖情况的径流系数

地面覆盖情况	径流系数	备注	地面覆盖情况	径流系数	备注
屋面、混凝土、沥青路面	0.90		干砌砖石和碎石路面	0.40	
大块石铺路面和沥青处理的碎石路面	0.60		土路面	0.30	
级配碎石路面	0.45		绿地、公园	0.15	

表 3-8 城市综合径流系数

区 域	不透水建筑物的覆盖率	径流系数	备 注
中心城区	>70%	0.6～0.8	
较密居住区	50%～70%	0.5～0.7	
较稀的居住区	30%～50%	0.4～0.6	
很稀的居住区	<30%	0.3～0.5	

对于同一地区的下垫面，蒸发量基本相同，如果地形地貌相同，那么，径流系数的差别就在于下渗率的不同。因此，通过对各种下垫面的综合径流系数对比，可以近似分析下渗量的差值。设某集水区 t 时段平均面暴雨量为 $\overline{H_t}$，径流系数为 α_i，$i=1$、2（代表下垫面1和下垫面2），则两个下垫面平均的下渗率差值为

$$\Delta f=\frac{(1-\alpha_1)\overline{H_t}}{t}-\frac{(1-\alpha_2)\overline{H_t}}{t}=\frac{(\alpha_2-\alpha_1)\overline{H_t}}{t} \tag{3-2}$$

对下垫面涵养水源的功能分析，可以采用对比分析法，通过径流系数差值计算下渗率的差值，从而分析下垫面涵养水源的功能。

2. 算例

【例3-1】 某城区治理规划的下垫面布置方案有三个：方案一集水区综合径流系数为 $\alpha_1=0.85$、方案二集水区综合径流系数为 $\alpha_2=0.75$、方案三集水区综合径流系数为 $\alpha_2=0.55$，设计年降雨过程见表3-9。设计年24h降雨深为 $x_{P,24}=261.8$（mm）。

解：各方案与方案一的下渗率差值为

$$\Delta f_{2-1}=\frac{(0.85-0.75)\times261.5}{24}=1.091(\text{mm/d})$$

$$\Delta f_{3-1}=\frac{(0.85-0.55)\times261.5}{24}=3.274(\text{mm/d})$$

各方案降雨平均损失率为

$$f_1=\frac{(1-0.85)\times261.5}{24}=1.637(\text{mm/d})$$

$$f_2=\frac{(1-0.75)\times261.5}{24}=2.718(\text{mm/d})$$

$$f_3=\frac{(1-0.55)\times261.5}{24}=4.911(\text{mm/d})$$

各方案净雨过程的计算结果见表3-9。

表 3-9 各方案净雨过程计算成果

时间（h）	设计雨量（mm）	方案一		方案二		方案三	
		平均损失率（mm）	净雨（mm）	平均损失率（mm）	净雨（mm）	平均损失率（mm）	净雨（mm）
1	1.2	1.637	0.00	2.718	0.00	4.911	0.00
2	1.5	1.637	0.00	2.718	0.00	4.911	0.00
3	2.3	1.637	0.66	2.718	0.00	4.911	0.00

续表

时间 （h）	设计雨量 （mm）	方案一		方案二		方案三	
		平均损失率 （mm）	净雨 （mm）	平均损失率 （mm）	净雨 （mm）	平均损失率 （mm）	净雨 （mm）
4	3.0	1.637	1.36	2.718	0.28	4.911	0.00
5	8.5	1.637	6.86	2.718	5.78	4.911	3.59
6	11.1	1.637	9.46	2.718	8.38	4.911	6.19
7	22.3	1.637	20.66	2.718	19.58	4.911	17.39
8	26.8	1.637	25.16	2.718	24.08	4.911	21.89
9	29.1	1.637	27.46	2.718	26.38	4.911	24.19
10	35.0	1.637	33.36	2.718	32.28	4.911	30.09
11	40.2	1.637	38.56	2.718	37.48	4.911	35.29
12	35.5	1.637	33.86	2.718	32.78	4.911	30.59
13	6.6	1.637	4.96	2.718	3.88	4.911	1.69
14	6.9	1.637	5.26	2.718	4.18	4.911	1.99
15	6.8	1.637	5.16	2.718	4.08	4.911	1.89
16	5.9	1.637	4.26	2.718	3.18	4.911	0.99
17	4.9	1.637	3.26	2.718	2.18	4.911	0.00
18	3.7	1.637	2.06	2.718	0.98	4.911	0.00
19	3.7	1.637	2.06	2.718	0.98	4.911	0.00
20	3.6	1.637	1.96	2.718	0.88	4.911	0.00
21	1.0	1.637	0.00	2.718	0.00	4.911	0.00
22	0.9	1.637	0.00	2.718	0.00	4.911	0.00
23	0.7	1.637	0.00	2.718	0.00	4.911	0.00
24	0.7	1.637	0.00	2.718	0.00	4.911	0.00
合计	261.9		226.434		207.394		175.768

三个方案对比分析，方案一24h净雨量为226.434mm，方案二的24h净雨量为207.394mm，相差19.04mm，根据前面的叙述，即方案二24h下渗量比方案一增加19.04mm。按同样方法计算，方案三的24h下渗量比方案一增加50.668mm，某城区治理规划的下垫面布置方案中，方案三下渗量增值较大，涵养水源的效能也较大。

二、改善河道、湖泊的水文特性

集水区各类水面面积是涵养地表水的主要因素，有效地表水调蓄区是湖泊、水库、湿地、山塘、鱼塘、蓄水池、水窖、密集的河网水域，一些地区的地下河、溶洞等也能调蓄洪水。在大规模的土地开发和流域治理，都会造成水域面积的增减，影响区域的洪水调蓄能力和地表水的涵养效能。反映水域调蓄能力的指标主要是有效库容或水面面积，调蓄深度较大的水库和湖泊应用有效库容来表示，调蓄深度较小的开阔水面，可以用水面面积或水面比率来表示。

河道的水文特性是河道最重要的生境，对河道水生态环境有十分重要的影响。目前，在水利工程建设中，十分重视河道的生态和环境需水的研究，但主要关注河道最小需水要求，对基本的水文过程的要求关注不够，事实上，维持河道原有的水文周期性及其变化规律、地表水的涵养效能，也是水生态环境保护的基本要求。

水利工程建设可能改变流域河道汇流特性，例如通过水利工程合理地改造河道（网），有限度地使河道水库化，调整河道长度、断面形态、平面形态，改善河道汇流特性，调高河道调蓄能力，从而改善河道的水文特性，恢复河道水生态环境，增强地表水涵养效能。

为能够从量上评价和分析河道水文特性的改变情况，需要建立河道汇流特性的评价模型。自然河道设计洪水一般利用推理公式法和综合单位线法来计算，推理公式法和综合单位线法可以模拟自然河道的汇流情况，但是受到水利工程和其他人为影响河道的汇流特性不同于自然河道，其汇流特性需要建立理论模型来描述。通过理论计算确定计算断面的单位线，与自然河道或参照系统的单位线对比，可以量化分析河道治理工程对河道水文特性的影响。为分析河道各断面的单位线，下面提出理论单位面的计算模型。

1. 理论单位面

在设计洪水的计算理论中，单位线法是十分重要的方法。所谓单位线是指在特定的流域上，单位时段内均匀分布的单位净雨深在流域出口断面所形成的地面径流过程线。单位线的分析和运用基础是三个假设：

（1）底宽相等的假设。单位时段内净雨深不同，但它们形成的地面流量过程线总历时相等。

（2）倍比假设。若净雨历时相同，但净雨深不同的两次净雨，所形成的地面流量过程线形状相同，则两条过程线上相应时刻的流量之比等于两次净雨深之比。

（3）叠加假设。如果净雨历时是 m 个时段，则各时段形成的地面流量过程互不干扰，出口断面的流量过程线等于 m 个时段净雨的流量过程之和。

在这三个假设之下，单位线可以用于各种降水过程的洪水流量过程线分析，因此建立单位线是关键。如果要分析河道全长洪水流量的分布及其时间过程，需要建立河道所有断面的对应单位线，即单位面。因此，所谓单位面是指在特定的流域上，单位时段内均匀分布的单位净雨深，在流域河道所形成的地面径流过程面。

单位面的推求可采用理论计算方法。理论计算方法采用坡面—河道—水工建筑物耦合非恒定流汇流分析法。其中河道汇流的基本方程为

$$\frac{\partial A}{\partial t} + \frac{\partial Q}{\partial s} = -q \tag{3-3}$$

$$\frac{\partial z}{\partial s} + \frac{1}{g}\frac{\partial u}{\partial t} + \frac{\alpha u}{g}\frac{\partial u}{\partial s} + \frac{u^2}{C^2 R} = 0 \tag{3-4}$$

其中

$$\frac{\partial z}{\partial s} = \frac{\partial h}{\partial s} - i$$

式中　Q——流量，m^3/s；

　　　A——过水面积，m^2；

　　　R——水力半径，m；

C——谢才系数；

u——河道流速，m/s；

z——水位；

i——河道纵坡降。

对于矩形截面，过水面积计算公式为

$$A=bh$$

式中　b——河道宽度，m；

h——河道水深，m。

城市地面汇流一般可视为坡面汇流，设 q 为沿程单位长度注入的流量 $[m^3/(s \cdot m)]$，按坡面的一般运动波模型计算，基本方程为

$$\frac{\partial A_p}{\partial t}+\frac{\partial q}{\partial x}=f \tag{3-5}$$

$$S_f=S_0 \tag{3-6}$$

$$q=\frac{A_p}{n}R_p^{2/3}S_0^{1/2} \tag{3-7}$$

式中　A_p——坡面过水断面面积；

R_p——坡面断面水力半径；

x——顺流方向长度坐标；

f——降水强度；

n——糙率；

S_0——纵坡降；

S_f——摩擦坡降。

2. 坡面汇流分析

实际上城市地面汇流不能简单视为单纯的坡面汇流，城市地面汇流体系的大部分是城市管（沟）网组成的排水系统，因此需要通过实地调研统计，计算出单位集水面积中管（沟）平均汇流距离，再由水力学计算公式计算河道沿程各段地面汇流时间，确定汇流时间 τ，然后与河道汇流基本方程进行耦合分析。由于城市管网分布密度大、走向复杂，管网汇流可以概化为坡面汇流。

在均匀降雨的情况下，可按恒定流态来计算坡面流，由式（3-5）可解得坡面出口处的单位宽度流量：

$$q=fL \tag{3-8}$$

式中　L——坡面长度，m。

当确定 ΔT 为 1h、净雨深为 10mm 的单位面时，单一坡面出口处的单宽流量过程概化为梯形或三角形，为此需要确定坡面流量从 0 增加到最大值的时间。

对于单位宽度坡面来说，过水面积为 $A=H$、水力半径为 $R=H$，则由式（3-7）计算坡面出口最大流量为

$$q_{max}=\frac{1}{n}H_{max}^{5/3}S_0^{1/2} \tag{3-9}$$

代入式（3-5）

$$\frac{\partial H}{\partial t}+\frac{5}{3n}\sqrt{S_0}H^{2/3}\frac{\partial H}{\partial x}=f \tag{3-10}$$

方程线性化处理：

$$\frac{\partial H}{\partial t}+\frac{5}{3n}\sqrt{S_0}\overline{H}^{2/3}\frac{\partial H}{\partial x}=f \tag{3-11}$$

设 $x=L$、$t=\Delta t$ 时，$H=H_{\max}$，t 在（0，Δt）、x 在（0，L）之间，则 H 均值为

$$\overline{H}=\frac{H_{\max}}{4} \tag{3-12}$$

代入式（3-12）

$$\frac{\partial H}{\partial t}+\frac{5}{3n}\sqrt{S_0}\left(\frac{H_{\max}}{4}\right)^{\frac{2}{3}}\frac{\partial H}{\partial x}=f \tag{3-13}$$

对应的差分方程为

$$\frac{H_{\max}}{\Delta t}+\frac{5}{3n}\sqrt{S_0}\left(\frac{1}{4}\right)^{\frac{2}{3}}\frac{H_{\max}^{\frac{5}{3}}}{L}=f \tag{3-14}$$

解得

$$\Delta t=\frac{H_{\max}}{f\left[1-\frac{5}{3}\left(\frac{1}{4}\right)^{\frac{2}{3}}\right]} \tag{3-15}$$

由式（3-7）和式（3-9）

$$H_{\max}=\left(\frac{nfL}{\sqrt{S_0}}\right)^{\frac{3}{5}} \tag{3-16}$$

代入方程式（3-15）

$$\Delta t=\frac{1.658}{f^{\frac{2}{5}}}\left(\frac{nL}{\sqrt{S_0}}\right)^{\frac{3}{5}} \tag{3-16}$$

（1）$\Delta t<\Delta T$。坡面出口处的单位流量 q 的变化过程分三段，概化为梯形分布。

起始阶段 $0\leqslant t\leqslant\Delta t$，流量 q 随着降雨逐渐加大，按线性规律变化，即

$$q=\frac{t}{\Delta t}q_{\max} \tag{3-17}$$

恒定流阶段，$\Delta t\leqslant t\leqslant\Delta T$，流量 q 维持不变，即

$$q=q_{\max} \tag{3-18}$$

收尾阶段，$\Delta T\leqslant t\leqslant T_2=\Delta T+\frac{2(w-w_1-w_2)}{q_{\max}}$，流量 q 逐渐减小，即

$$q=\frac{T_2-t}{T_2}q_{\max} \tag{3-19}$$

其中

$$q_{\max}=fL$$
$$w=fl\Delta T$$
$$w_1=\frac{1}{2}fL\Delta t$$
$$w_2=fL(\Delta T-\Delta t)$$

式中　w——计算坡面的总降雨量，m^3；

　　　w_1——起始阶段的水量，m^3；

　　　w_2——恒定流阶段的水量，m^3。

（2）$\Delta t > \Delta T$。q 的过程分两段变化，概化为三角形分布。

起始阶段 $0 \leqslant t \leqslant \Delta T$，流量 q 随着降雨逐渐加大，按线性规律变化，即

$$q = \frac{t}{\Delta T} q_{max} \qquad (3-20)$$

收尾阶段，$\Delta T \leqslant t \leqslant T_4 = \Delta T + \dfrac{2(w-w_1-w_2)}{q_{max}}$，流量 q 逐渐减小，即

$$q = \frac{T_4 - t}{T_4} q_{max} \qquad (3-21)$$

由式（3-8）和式（3-16）求得

$$q_{max} = \left(\frac{\Delta T f^{\frac{2}{5}}}{1.658} \right)^{\frac{5}{3}} \frac{\sqrt{S_0}}{n} f \qquad (3-22)$$

河道上下游边界条件主要考虑水工建筑物的影响，如河口水闸和泵站，还要考虑人工湖的调蓄作用。初始条件也应考虑排涝工程的运用工况，尽量把握均衡条件。

坡面—河道非恒定流数值计算结果可以获得河道单位面，从单位面上可以截取任意断面的单位线，采用单位线方法综合分析各断面的同期流量过程线。

河道各断面同期流量过程线为

$$Q_{(x_i)} = \frac{1}{10} A_{q(x_i)} R + D_{(x_i)} \qquad (3-23)$$

其中
$$A_{q(x_i)} = \begin{bmatrix} q_{(x_i,t_1)} & 0 & \cdots & 0 \\ q_{(x_i,t_2)} & q_{(x_i,t_1)} & \cdots & 0 \\ \vdots & q_{(x_i,t_2)} & \cdots & 0 \\ q_{(x_i,t_m)} & \vdots & \cdots & q_{(x_i,t_1)} \\ 0 & q_{(x_i,t_m)} & \cdots & q_{(x_i,t_2)} \\ 0 & 0 & \cdots & \vdots \\ 0 & 0 & \cdots & q_{(x_i,t_m)} \end{bmatrix}$$

$$R = \begin{bmatrix} h_1 \\ h_2 \\ \vdots \\ h_k \end{bmatrix}$$

$$D_{(x_i)} = \begin{bmatrix} Q_1(x_i) \\ Q_2(x_i) \\ \vdots \\ Q_{m+k}(x_i) \end{bmatrix}$$

式中　k——净雨历时个数；

　　　$A_{q(x_i)}$——$(m+k) \times k$ 矩阵；

R——净雨过程的 $k \times 1$ 矩阵；

$D_{(x_i)}$——地下径流量的 $(m+k) \times 1$ 矩阵。

3. 算例

【例 3-2】　某镇城区河道龙涌长度为 3.88km，集水面积 2.88km²，纵坡 $J=1/4000$，河道改造为矩形渠，河口桩号为 L0+000，河段 L0+000~L1+200 的宽度为 12.0m，河口河床高程为 -1.78m；河段 L1+200~L2+400 的宽度为 10.5m；河段 L2+400~L3+880 的宽度为 8.5m。河口设单孔宽为 4.0m 的 2 孔水闸，闸底板高程为 -1.75m。设计工况按外江水位为 0.75m 考虑。各计算断面的地理参数见表 3-10。

解：为确定 Δt 为 1h，净雨深为 10mm 的单位面，选定 $\overline{H}_1=10$mm，$\Delta t=1$h，外江水位为 0.75m，2 孔水闸全开的工况，采用坡面—河道耦合非恒定流汇流分析法，确定单位面，成果见表 3-11。按广东省综合单位线法推求的自然河道单位线成果见表 3-12。

表 3-10　　　　　　　计算断面的地理参数

项目　断面桩号	集水区宽度（km）	断面控制集水面积（km²）	断面以上河道长度（km）
L0+000	0.98	2.881	3.88
L0+300	0.98	2.587	3.58
L0+600	0.98	2.293	3.28
L0+900	0.98	1.999	2.98
L1+200	0.98	1.705	2.68
L1+500	0.998	1.408	2.38
L1+800	0.998	1.109	2.08
L2+100	0.98	0.812	1.78
L2+400	0.998	0.515	1.48
L2+700	0.275	0.325	1.18
L3+000	0.275	0.242	0.88
L3+300	0.275	0.160	0.58

表 3-11　　　　$\Delta t=1$h，$\overline{H}_1=10$mm 时，改造后河道各断面单位线　　　　单位：m³/s

桩号　时间（s）	L0+000	L0+300	L0+600	L0+900	L1+200	L1+500	L1+800	L2+100	L2+700	L3+300
0	0.000	0.000	0.000	0.000	0.000	0.000	0.000	0.000	0.000	0.000
1200	0.672	0.615	0.554	0.501	0.444	0.387	0.329	0.272	0.126	0.043
2400	2.013	1.843	1.661	1.501	1.331	1.160	0.986	0.812	0.374	0.123
3600	3.355	3.073	2.769	2.504	2.221	1.937	1.648	1.358	0.627	0.211
4800	3.566	3.222	2.852	2.519	2.166	1.809	1.448	1.087	0.448	0.201
6000	3.262	2.919	2.554	2.222	1.873	1.521	1.168	0.818	0.306	0.175
7200	3.108	2.765	2.401	2.069	1.721	1.371	1.021	0.674	0.229	0.160
8400	3.084	2.742	2.379	2.047	1.700	1.351	1.002	0.656	0.221	0.160
9600	2.663	2.373	2.063	1.780	1.482	1.183	0.883	0.585	0.201	0.139
10800	1.684	1.501	1.306	1.127	0.939	0.750	0.560	0.372	0.127	0.087

表 3-12　　　　　$\Delta t=1h$、$\overline{H}_1=10mm$ 时，自然河道各断面单位线　　　　单位：m^3/s

时间（s） \ 桩号	L0+000	L0+300	L0+600	L0+900	L1+200	L1+500	L1+800	L2+100	L2+700	L3+300
1200	0.1	0.1	0.1	0.1	0.1	0.1	0.1	0.1	0.1	0.1
2400	0.3	0.3	0.1	0.4	0.3	0.2	0.1	0.2	0.1	0.1
3600	0.7	0.6	0.5	0.7	0.6	0.5	0.4	0.5	0.2	0.2
4800	1.1	1.0	0.9	1.2	1.0	0.9	0.7	0.9	0.4	0.5
6000	1.8	1.6	1.4	1.9	1.7	1.4	1.2	1.4	0.7	0.3
7200	2.5	2.2	2.1	2.6	2.3	2	1.7	1.1	0.5	0.2
8400	3.2	2.9	2.8	2.1	1.9	1.6	1.4	0.8	0.4	0.1
9600	2.7	2.5	2.3	1.7	1.5	1.3	1.0	0.6	0.2	0.1
10800	2.3	2.0	1.9	1.3	1.2	1.0	0.5	0.3	0.1	0.1
12000	1.8	1.6	1.5	1.0	0.9	0.7	0.5	0.3	0.1	0.1
13200	1.5	1.3	1.2	0.7	0.6	0.5	0.4	0.3	0.1	0.1
14400	1.2	1.0	0.9	0.6	0.4	0.4	0.3	0.2	0.1	0.1
15600	0.9	0.8	0.7	0.5	0.4	0.4	0.3	0.1	0.1	0.1
16800	0.8	0.7	0.6	0.4	0.3	0.3	0.2	0.1	0.1	0.1
18000	0.6	0.6	0.5	0.4	0.3	0.3	0.2	0.1	0.1	0.1

城市地面多为人工地面，地面平整、不透水、无坑洼，因此汇流时间短、速度快，加上河道渠化，河道汇流更快，形成更大的洪峰，汇流过程大大缩短，表 3-10 和表 3-11 的计算结果反映了这些基本特征。

理论单位线可以从量上分析人为改造对流域集水区、河道带来的影响，反映河道水文特征的变化关系。

第四节　固　碳　制　氧

当前，应对全球气候变化是国际社会所要面对的重大问题，因此减少温室气体排放，实行低碳经济日益受到越来越多国家的关注和重视。发达国家在低碳经济发展实践过程中积累了丰富的经验，对我国有着重要的借鉴意义。我们必须重视其重要性，逐步促进经济发展向低碳方式转变。

一般来说，"低碳经济"是通过更少的自然资源消耗和更少的环境污染，获得更多的经济产出。目前"低碳经济"已成为具有广泛社会性的经济前沿理念，但仅仅把"低碳经济"定义为"在不影响经济发展的前提下，通过技术创新和制度创新，降低能源和资源的消耗，尽可能最大限度地减少温室气体和污染物的排放，实现经济和社会的可持续发展"过于被动，事实上在发展经济和建设中，可以主动治理温室效应，固碳技术是解决温室效应的有效途径。小流域治理就可以利用固碳制氧技术，在改造小流域和发展当地经济的同时，将大气中的碳以安全的形式封存起来，以实现控制温室效应的目的。

以二氧化碳为唯一碳源的自养生物，包括植物、藻类、蓝藻、紫色和绿色细菌，为地球上所有其他生物提供赖以生存的能量，同时还在地球的氮和硫的循环中扮演重要角色。自养生物固定 CO_2 的路线是 CO 和一个五碳糖分子作用，产生两个羧酸分子，糖分子在循环过程中再生。植物、藻类和蓝藻（都是有氧的光合作用），以及某些自养的蛋白菌、厌氧菌都是按这条路线固碳。小流域治理可以通过合理地种植果林木、旱作物、草场、农作物，并对水域进行综合治理实现治理水土流失的目的，通过固碳制氧，实现治理温室效应的目标。

在小流域治理方面，有关植被的保护、绿化、果木园林建设以及农耕地、湿地、坡地等方面的治理，都有利于固碳制氧，对各种林木、果树、土壤、水域的固碳制氧功能和价值要进行全面的评价。小流域治理中的植被措施等对固碳制氧功能的影响较大，例如森林的覆盖率，主要林木种类及其种群分布，人工林及林分情况，树龄、树高和胸径等数据。

一、森林植被固碳制氧功能评价

植物通过光合作用将大气中的 CO_2 转化为有机物质（葡萄糖），并储存在植物的枝、干、叶、根以及土壤腐殖质，还包括未分解的落叶，同时释放氧气。在评价植物固碳量时，主要依据光合作用公式：

$$5CO_2（264g）+6H_2O（108g）\Longrightarrow C_6H_{12}O_6（180g）+6O_2（192g）$$
$$C_6H_{12}O_6 \Longrightarrow C_6H_{10}O_5（多糖，干物质，162g）+H_2O$$

由以上公式可知，每生产 162g 干物质，可以吸收固定 264g 的 CO_2，释放 $192gO_2$。

森林植被固碳制氧的评价指标计算，主要需要分析森林植被的生物量及其增值，根据文献 [24]，林木主干材积公式

$$V=\sum \frac{\pi d_i^2}{4} h_i \tag{3-24}$$

式中 V——主干材积，m^3；

d_i——树高 0.5m 处的直径，m；

h_i——树枝以下主干高度，m。

枝条是主干材积的 $1\sim2$ 倍，取 1.5 计，整树材积为 $(1+1.5)V$，扣除树根、枝叶（含全树的 35.89%）等，木材比重为 $0.45t/m^3$，则林木干物质转换系数为

$$B=(1+1.5)\times 64.11\% \times 0.45V=1.775V \tag{3-25}$$

式中 B——林木干物质，t。

综合计算森林植被固碳制氧的指标，要考虑林分初级生产力和土壤年固碳速率，文献 [25] 提供的计算公式为

$$G_Z=1.63RAB \tag{3-26}$$
$$G_T=AF \tag{3-27}$$
$$G_Y=1.19AB \tag{3-28}$$

式中 G_Z——植被年固碳量，t/a；

R——二氧化碳的碳含量，为 27.27%；

A——林分面积，hm^2；

B——林分净初级生产力，t/(hm² · a)；

G_T——土壤年固碳量，t/a；

F——林分土壤年固碳速率，t/(hm² · a)；

G_Y——林分年释放氧量，t/a。

根据文献 [25] 的测定，峨眉山风景区森林林分净初级生产力和土壤年固碳速率见表 3－13。

固碳价格：瑞典税率 150 美元/t。

制氧价格：我国卫生部网站（http：//www. moh. gov. cn）2007 年春季发布的氧气平均价格为 1000 元/t。

表 3－13　　　　　　　　　　峨眉山风景区森林植被固碳释氧功能

植被类型	面积 （hm²）	净初级生产力 [t/(hm² · a)]	植被年固碳率 1.63RB [t/(hm² · a)]	土壤年固碳速率 [t/(hm² · a)]
冷杉	2295	10.9785	4.8800	4.8483
冷杉＋阔叶树	372.5	10.4789	4.6579	5.2377
杉类	1223.5	9.2236	4.0999	4.6887
杉类＋阔叶树	329.1	7.6249	3.3893	4.8070
栎类	2159.7	5.8774	2.6125	2.7784
樟、楠	235.1	8.9890	3.9956	5.2205
软阔	361.7	12.1485	5.4000	2.6183
其他硬阔	219.7	6.1732	2.7440	2.0882
疏林	120.4	3.7761	1.6785	2.0522
毛竹林	29.5	12.5637	5.5846	2.3086
杂竹林	417.7	11.3978	5.0663	2.6252
灌木林	2696	2.3563	1.0474	1.9789
平均		8.4657	3.763	3.4377

二、湿地和农田固碳制氧功能评价

根据文献 [26]，沼泽植物净初级生产力计算公式为

$$NPP = 0.29 e^{-0.216(RDI)^2} \left(\frac{0.001 R_n}{4.2} \right) \tag{3-29}$$

$$R_n = 0.35 R_z \tag{3-30}$$

$$RDI = \frac{R_n}{rL} \tag{3-31}$$

$$L = 2507 - 2.39t \tag{3-32}$$

式中　NPP——沼泽植物净初级生产力，t/(hm² · a)；

R_z——太阳总辐射，J/(cm² · a)；

r——年降水量，cm/a；

t——平均气温，℃。

沼泽植物净初级生产力计算公式的适用范围为 $RDI<4$。固碳量和制氧量按光合作用计算。

文献［27］提出沼泽地固碳速率 CSR 的计算公式为

$$CSR=\rho\times SOC\times R \tag{3-33}$$

式中　ρ——沼泽土壤容重，g/cm^3；

　　SOC——土壤含碳量，g/kg；

　　R——湿地土壤沉积速率，mm/a。

沼泽地固碳速率 CSR 的实测数据［27］见表 3-14。

表 3-14　　　　　　　　　　沼泽地固碳速率 CSR 的实测数据

湖　泊	固碳速率 $[g/(m^2\cdot a)]$	湖　泊	固碳速率 $[g/(m^2\cdot a)]$	湖　泊	固碳速率 $[g/(m^2\cdot a)]$
独山湖	63.71	岱海	30.33	洞错	6.47
微山湖	24.91	青海湖	22.95	痀鲁错	5.60
洪湖	29.81	呼伦湖	45.43	色林错	3.48
巢湖	40.78	滇池	35.43	希门错	10.47
太湖	16.82	泸沽湖	6.60	清水河	5.12
东湖	129.39	程海	34.8	小月亮泡	5.47
乌梁素海	48.84	洱海	3.48		

根据文献［26］农作物生物量的计算公式为

$$Q=\frac{b(1-\omega)}{f} \tag{3-34}$$

式中　Q——农作物生物量，t/a；

　　b——农作物经济产量，t/a；

　　ω——农作物含水量；

　　f——经济系数，见表 3-15。

表 3-15　　　　　　　　　　经　济　系　数　f

序　号	农　作　物	含水量（%）	经济系数（下限）	经济系数（上限）
1	水稻	14	0.38	0.51
2	玉米	14	0.30	0.40
3	大豆	12.5	0.20	0.30
	平均	13.5	0.29	0.4

农作物固碳量和制氧量按光合作用计算。农田地下生物量 Q_2：稻田 $355.0g/m^3$；大豆 $95.2\ g/m^3$。

$$固碳量=Q_2e \tag{3-35}$$

其中水稻 $e=0.47$、玉米 $e=0.45$（参考大豆数值）、大豆 $e=0.45$。

第四章　生态环境水利工程设计

第一节　生态环境水利工程的任务和目标

一、生态环境水利工程的任务

水利工程对生态环境有重大的影响，水利工程建设过程中会对生态环境产生一定的不利影响，造成水生态环境的破坏，例如影响河流的连续性、平面形态、断面形式和过渡段；改变自然水文条件；造成一定的淹没区；影响地表植被、地貌、地层稳定，造成水土流失等。

此外，其他建设工程对水生态环境也会产生不利的影响，例如城市建设对集水区的自然属性影响较大，地表硬质化使得的雨水下渗能力降低，地面的沟壑、湿地、水塘、湖泊等的消失，造成雨水拦蓄能力降低等；市镇建设发展对水量需求增大，水污染日益严重等。

水利工程还具有改善水生态环境的功能，例如水库工程具有蓄洪、滞洪，降低洪峰，降低洪水造成的损失，使洪水资源化的作用；小流域治理工程具有减小水灾害，促进水土保持，涵养水源，改善小气候的功能。城市河道治理具有改善小气候、美化环境等作用。

水利工程的水生态环境功能见表 4-1。

表 4-1　　　　　　　　　　　　水利工程的水生态环境功能

序号	功能类型	作　　用	主　要　指　标
1	调蓄洪水	蓄洪、滞洪，降低洪峰，降低洪水造成的损失，洪水资源化	有效调蓄库容或水面积
2	涵养水源	使降雨径流的时空分布合理化	下渗量和基流量
3	水质净化	使污染物降解、固化、稀释和迁移	水质指标或纳污量
4	调节气候	改善气候，防止城市热岛效应，增加负离子，固碳	负离子浓度、固碳量、制氧量和热辐射
5	维持自然系统及其过程	维持生态地质过程；泥炭积累，维持合理的碳循环	河流水沙运动规律、含沙量、泥炭含量
6	生物栖息地	保障生境的多样性，保护生物栖息地	河流湖泊自然形态指标：蜿蜒度、宽深比、过渡带宽度、分形几何指标
7	保护生态	保护物种资源	生物群落、珍稀物种数量
8	社会生态	提高文化、历史、美学价值	评判的价值

生态环境水利工程的任务是修复受损水生态环境，将水利工程对水生态环境的不利影响降到最低，改善水生态环境、小气候和美化环境。最大程度地发挥水利工程的水生态环

境功能，实现兴利、防灾减灾和改善水生态环境的综合治理目标。

二、水利工程生态环境治理的目标

1. 水功能区划与水质环境治理目标

水功能区划是实现水资源可持续发展的基础，是实现水资源全面规划、综合开发、合理利用、有效保护和科学管理的依据，是提高水资源利用率的重要条件。水功能区划是在宏观上对流域水资源的利用状态进行总体控制，统筹协调有关用水矛盾，确定总体功能布局，在重点开发利用水域内详细划分多种用途的水域界限，以便为科学合理地开发利用和保护水资源提供依据。

水功能区划采用三级体系，一级区划为流域级，二级区划为省级，三级区划为市级。根据《全国水功能区划分技术大纲》的要求，一级水功能区划分为四类，即保护区、保留区、开发利用区、缓冲区。二级水功能区划重点在一级区划的保护区、开发利用区内进行细分，分为十类，即源头水保护区、自然保护区、调水水源区、饮用水源区、工业用水区、农业用水区、渔业用水区、景观娱乐用水区、过渡区、排污控制区。

表 4-2　　　　　　　　　　　一级区划分类及指标

分类名称	基 本 条 件	主 要 指 标	备注
保护区	（1）源头保护区是指以保护水源为目的，在重要河流的源头河段划出专门保护区 （2）国家级或省级自然保护区的用水水域或具有典型的生态保护意义的自然环境所在水域 （3）跨水域、跨省及省内的大型调水工程的水源地	执行《地表水环境质量标准》（GB 3838—2002）的Ⅰ、Ⅱ类水质标准	
保留区	（1）受人类影响较少，水资源开发利用程度较低的水域 （2）目前不具备开发条件的水域 （3）考虑到可持续发展的需要，为今后发展预留的水资源区	按现状水质类别控制	
开发利用区	满足饮用水源地、工农业生产、城市生活、渔业和旅游等多种需求的水域	按二级区划分类分别执行相应的水质标准	
缓冲区	（1）跨省行政区域河流、湖泊的边界附近水域 （2）省际边界河流、湖泊的边界附近水域 （3）用水矛盾突出的地区之间水域 （4）保护区与开发利用区紧密相连的水域	有二级区划要求的，按二级区划分类分别执行相应的水质标准；对暂无二级区划要求的可按现状控制	

表 4-3　　　　　　　　　　　二级区划分类及指标

分类名称	基 本 条 件	主要指标	备 注
源头水保护区	（1）河流一、二级支流（未被流域列入）的源头 （2）水库的源头河流	执行《地表水环境质量标准》（GB 3838—88）的Ⅰ类水质标准	
自然保护区	（1）省政府批准（未被流域列入）的具有特殊目的的自然保护区 （2）地方政府批准的自然保护区		
调水水源区	（1）调水量达到一定的规模 （2）省内跨市调水		

分类名称	基 本 条 件	主要指标	备 注
饮用水源区	（1）城市已有和规划的生活饮用水的水域 （2）每个用水户取水量不小于省级（市级）水行政主管部门实施取水许可制度细则规定的取水限额	一级保护区范围按Ⅱ类水质标准管理；二级保护区范围按Ⅲ类水质标准管理	
工业用水区	（1）已有和规划的工矿企业生产用水的集中取水地 （2）每个用水户取水量不小于省级（市级）水行政主管部门实施取水许可制度细则规定的取水限额	按Ⅳ类水质标准管理	
农业用水区	（1）已有和规划的农业灌溉区用水的集中取水地 （2）每个用水户取水量不小于省级（市级）水行政主管部门实施取水许可制度细则规定的最小取水限额	按Ⅴ类水质标准管理	
渔业用水区	（1）主要经济鱼类产卵场、索饵场、越冬场及洄游通道功能的水域，养殖鱼、虾、蟹、藻类等水生动植物的水域 （2）水文条件良好，水交换畅通 （3）有合适的地形和底质	珍贵鱼类保护区范围内及鱼虾产卵区范围内的水域，按Ⅱ类水质标准管理；一般鱼类保护区，按Ⅲ类水质标准管理	
景观娱乐用水区	（1）可供千人以上的度假、娱乐、运动场所涉及的水域 （2）省级以上知名的水上运动场 （3）省级名胜风景区涉及的水域	景观和人体非直接接触的娱乐用水区按Ⅳ类水质标准管理	
过渡区	（1）下游用水要求高于上游水质状况 （2）有双向水流的水域，且水质要求不同的相邻区之间		
排污控制区	（1）接纳废水中的污染物为可稀释降解的 （2）水域的稀释自净能力较强，其水文、生态特性适宜于作为排污区	排污口范围内污染物浓度可以超过Ⅴ类水质标准，但必须小于地面水排放标准的限制，并保证通过过渡区后达到下游的功能区水质要求	

2．水生态治理目标、原则和任务

（1）河流生态恢复的目标。河流生态恢复的目标是维护原生态系统的完整性，包括维护生物及生境的多样性，维护原有生态系统的结构和功能。河流生态恢复的目标层次主要有：

1）完全恢复。生态系统的结构和功能完全恢复到干扰前的状态。这意味着首先要完全恢复原有河流地貌，需要拆除河流上大部分大坝和人工设施，要恢复河道原有的蜿蜒性形态。

2）修复。生态系统的结构和功能部分恢复到干扰前的状态。不用完全恢复原有河道地貌形态，可以采用辅助修复工程，部分恢复生态系统的结构和功能，维护生态系统重要功能的可持续性。

3）增强。采用增强措施补偿人类活动对生态的影响，使生态环境质量有一定的改善。增强措施主要是改变具体水域、河道和河漫滩特征，改善栖息条件。但增强措施是主观的产物，缺乏生态学基础，其有效性还需要探讨。

4）创造。开发原来不存在的新的河流生态系统，形成新的河流地貌和河流生态群落。创设新的栖息地来代替消失或退化的栖息地。

5）自然化。对于水利开发形成的新的河流生态系统，通过河流地貌和生物多样性的恢复，使之成为一个具有河流地貌多样性和生物种群多样性的动态稳定的、具有自我调节能力的河流生态系统。

（2）河流生态恢复的原则

1）河流生态修复与社会经济协调发展原则。

2）社会经济效益与生态效益相结合的原则。

3）生态系统自我设计、自我恢复的原则。

4）生态工程与资源环境管理相结合的原则。

（3）河流生态恢复的任务。河流生态系统恢复的任务有三项：恢复或改善水文、水质条件；恢复或改善河流地貌特征；恢复河流生物物种。

1）水文、水质条件。水文条件的改善主要包括水文情势的改善、河流水力条件的改善，要适度开发水资源，合理配置水资源，确保河流生态需水要求。提倡水库运用的生态调度准则，即在满足社会经济需求的基础上，尽量按照自然河流丰枯变化的水文模式来调度，以恢复下游的生境和水文规律。

通过控制污水排放、提倡源头清洁生产、加大污染处理力度、推广生物治污技术，实现循环经济以改善河流水质。

2）河流地貌的恢复。河流地貌恢复的主要内容：河流纵向连续性的恢复、河流横向连通性的恢复；河流纵向蜿蜒性恢复、河流横向水陆过渡带的恢复；与河流关联的滩地、湿地、湖泊、滞洪区的恢复。

3）生物物种的恢复。主要恢复与保护河流濒危、珍稀、特有物种。恢复原有物种群的种类和数量。

第二节 水利工程水质净化功能的设计

一、水库工程水质净化必须库容

水环境水利工程的目的是改善水质，治理水环境，提高水环境容量。一般来说，城市水环境水利工程的水库库容有限，不具备调节能力，是无调节水库。入库流量等于泄水流量，主要利用水库容积，使污水自然修复（降解），达到改善水质的目的。因此，水环境水利工程应保证具有一定的库容。为将污染物浓度控制在一定范围内（小于 c_s）所需要的库容，即为水环境水利工程的必须库容 $V_必$。这是水环境水利工程的重要工程指标。下面利用水环境容量概念来确定必须库容 $V_必$。无调节水库水环境容量包括：自净容量、迁移容量两部分。设入库水流污染物浓度为 c_0(mg/L)，污染物浓度控制标准为 c_s(mg/L)，流量为 Q(m³/s)，水库泄水量也为 Q(m³/s)，水库容积为 V(m³)，污染物的自然衰减系数为 K(1/d)，则水库水环境容量 W(g/d) 为

$$W = Kc_sV + 3600 \times 24(c_s - c_0)Q \tag{4-1}$$

如果城市的排污量 $W_{排}$ 等于水库水库水环境容量 W，那么相应的库容即为必须库容，必须库容的计算公式为

$$V_{必} = \left[W_{排} - 3600 \times 24(c_s - c_0)Q\right]\frac{1}{Kc_s} \tag{4-2}$$

如果水库总库容不小于 $V_{必}$，则水库容积满足工程改善水质的要求，能将污染物浓度控制在 c_s 之内。否则需增大库容，才能达到改善水环境的目标，有效控制污染物的浓度。

式（4-1）、式（4-2）中，入库流量是一个重要指标。应按一定的设计频率（设计保证率）选择设计典型年，取设计典型年的枯水期最小流量作为计算流量。目前还没有关于水质设计保证率的标准，因此可根据具体治水要求目标来确定。

不同污染物的自然衰减系数为 $K(1/d)$ 不同，对污染物浓度控制标准为 c_s 也不同。因此，要分别进行计算。总体而言，可选择几种主要污染物进行控制计算，作为确定工程规模的依据。

城市环境水利工程的规模取决于水库正常水位。水库正常水位必须保证水库容积不小于水库的必须库容 $V_{必}$，相应的水位为水库最低正常水位。正常水位还受限于其他条件，如淹没、城市排污等要求，并由此确定最高正常水位。所以设计正常水位应在最高、最低正常水位之间选择，权衡其他要求，综合的技术经济比较选择合理的正常水位。

【例 4-1】　某城市水环境水利工程，在市区河道的下游建设一拦河闸坝，以美化市容环境。已知入库水流污染物浓度为 $c_0 = 0.1\text{mg/L}$，污染物浓度控制标准为 $c_s = 0.12\text{mg/L}$，枯水期入库流量为 $Q = 60\text{m}^3/\text{s}$，污染物的自然衰减系数为 $K = 0.081/\text{d}$，污水排放量为 2200t/d，浓度为 $c = 59.2\text{mg/L}$，求必须水库容积为 $V_{必}$ m^3。

解：排污量为

$$W = 59.2 \times 2200 = 130240(\text{g/d})$$

根据式（4-2）

$$\begin{aligned}
V_{必} &= \left[W_{排} - 3600 \times 24(c_s - c_0)Q\right]\frac{1}{Kc_s} \\
&= \left[130240 - 3600 \times 24(0.12 - 0.1) \times 60\right]\frac{1}{0.08 \times 0.12} \\
&= 276.67(\text{万 m}^3)
\end{aligned}$$

出库水体污染物浓度控制标准为 $c_s = 0.12$（mg/L）时，水库必须容量为 276.67 万 m^3。

二、水库拦河坝的位置、回水距离和水深

BOD—DO 水质模型的基本方程为

$$\frac{\partial C}{\partial t} + U\frac{\partial C}{\partial x} = -K_1 C \tag{4-3}$$

$$\frac{\partial O}{\partial t} + U\frac{\partial O}{\partial x} = -K_1 C + K_2(O_s - O) \tag{4-4}$$

或

$$\frac{\partial O}{\partial t}+U\frac{\partial O}{\partial x}=-K_1C+c\frac{U^n}{H^m}(O_s-O) \tag{4-5}$$

1. 水库溶解氧的垂直分布情况

水库库容较大时，水面近似静止，溶解氧主要通过分子扩散进入水体，溶解氧在水体分布形成一定梯度，促进氧分子扩散，补充污染物的耗氧。

若 $U=0$，则

$$\frac{\partial O}{\partial t}=-K_1C \tag{4-6}$$

代入式（2-26），得

$$E_m\frac{\partial^2 O}{\partial z^2}=-K_1C \tag{4-7}$$

解得

$$E_mO=-\frac{1}{2}K_1Cz^2+az+b \tag{4-8}$$

由边界条件，$z=0$，$O=O_s$，得

$$E_mO=-\frac{1}{2}K_1Cz^2+az+E_mO_s \tag{4-9}$$

考虑底泥耗氧，即 $z=H$，$\dfrac{\mathrm{d}O}{\mathrm{d}z}=-K_1CH-A_x$，则

$$a=-E_mA_x \tag{4-10}$$

那么

$$O=O_s-\frac{1}{2E_m}K_1Cz^2-A_xz \tag{4-11}$$

在静水中，式（4-3）改写为

$$\frac{\partial C}{\partial t}=E\frac{\partial^2 C}{\partial x^2}-K_1C \tag{4-12}$$

其稳态方程为

$$E\frac{\partial^2 C}{\partial x^2}=K_1C \tag{4-13}$$

稳态解为

$$C=C_0\mathrm{e}^{-\sqrt{\frac{K_1}{E}}x} \tag{4-14}$$

代入式（4-11）

$$O=O_s-\frac{1}{2E_m}K_1C_0\mathrm{e}^{-\sqrt{\frac{K_1}{E}}x}z^2-A_xz \tag{4-15}$$

2. 河道型水库溶解氧的纵向分布情况

河道型水库库区宽度较小，与宽阔水库相比，水流流速较大，促进水面与空气接触，加速溶解氧进入水体。式（4-3）、式（4-5）的稳态方程为

$$U\frac{\partial C}{\partial x}=-K_1C$$

$$U\frac{\partial O}{\partial x}=-K_1C+K_2(O_s-O)$$

$$K_2 = c \frac{U^n}{H^m}$$

式中　c——经验系数，$c = 1.963 \sim 3$；

　　n、m——经验系数，$n = 0.5 \sim 1.0$，$m = 0.85 \sim 1.865$。

忽略 U、H 沿程变化的影响，视为常量，则解得

$$C_x = C_0 e^{-K_1 \frac{x}{U}} \tag{4-16}$$

或
$$\left.\begin{aligned} O_x &= O_s - (O_s - O_n) e^{-K_2 \frac{x}{U}} - \frac{K_1 C_0}{K_2 - K_1} \left(e^{-K_1 \frac{x}{U}} - e^{-K_2 \frac{x}{U}} \right) \\ O_x &= O_s - \left(O_s - O_0 - \frac{K_1 C_0}{K_2 - K_1} \right) e^{-K_2 \frac{x}{U}} - \frac{K_1 C_0}{K_2 - K_1} e^{-K_1 \frac{x}{U}} \end{aligned}\right\} \tag{4-17}$$

3. 水库规模与水体复氧功能

水库的位置、长度、水深等参数与水体复氧能力有一定关系。水库的环境功能主要是确保水库水质满足水质控制要求，特别水库排放水质要满足水质控制要求。

（1）水库的位置、长度。根据水质控制要求，水库排放水质要达到排放标准，设污染物和溶解氧浓度控制标准为 C_b 和 O_b，则按静水考虑，水库拦河坝的位置应由式（4-15）～式（4-17）确定。

$$C_b = C_0 e^{-\sqrt{\frac{K_1}{E}} x} \tag{4-18}$$

$$O_b = \frac{1}{H_0} \int_0^{H_0} O \mathrm{d}z = \frac{1}{H_0} \int_0^{H_0} \left(O_s - \frac{1}{2E_m} K_1 C_0 e^{\sqrt{\frac{K_1}{E}} x} z^2 - A_x z \right) \mathrm{d}z \tag{4-19}$$

即
$$O_b = O_s - \frac{1}{6E_m} K_1 C_0 e^{\sqrt{\frac{K_1}{E}} x} H_0^2 - \frac{1}{2} A_x H_0 \tag{4-20}$$

由式（4-18）、式（4-20）解得：
$$x_1 = \frac{\ln(C_0) - \ln(C_b)}{\sqrt{\frac{K_1}{E}}} \tag{4-21}$$

和
$$x_2 = \frac{1}{\sqrt{\frac{K_1}{E}}} \ln\left[\frac{6E_m}{K_1 C_0 H_0^2} \left(O_s - O_b - \frac{1}{2} A_x H_0 \right) \right] \tag{4-22}$$

水库拦河坝至排污口的最小距离为
$$x_w = \max\{x_1, x_2\} \tag{4-23}$$

对于河道型水库，x_1 和 x_2 由式（4-15）、式（4-17）计算：
$$x_1 = \frac{\ln(C_0) - \ln(C_b)}{\frac{K_1}{U}} \tag{4-24}$$

$$O_b = O_s - \left[\left(O_b - O_0 - \frac{K_1 C_0}{K_2 - K_1} \right) e^{-K_2 \frac{x}{U}} - \frac{K_1 C_0}{K_2 - K_1} \right] e^{-K_1 \frac{x}{U}} \tag{4-25}$$

水库长度应保证水库迴水淹没区超过排污口一定距离。

（2）水库的水深。对于河道型水库还应考虑溶解氧的垂直分布情况。根据式（4-19）、式（4-20），可得

$$H_0^2 - NH_0 + M = 0 \qquad (4-26)$$

则令

$$H_{0max} = \min\left\{\frac{N - \sqrt{N^2 - 4M}}{2}, \ \frac{N + \sqrt{N^2 - 4M}}{2}\right\} \qquad (4-27)$$

其中

$$N = \frac{6E_m}{2K_1 C_0} A_x e^{\frac{K_1 x_1}{U}}$$

$$M = \frac{6E_m (O_s - O_b)}{K_1 C_0} e^{\frac{K_1 x_1}{U}}$$

那么，为确保水库水体溶解氧浓度满足水质控制标准，正常水深不宜超过 H_{0max}。由此可见，水面开阔并且水深不大的水域自净能力较强。大型水库主要是稀释污染物，加上水体自净，因而可以确保良好的水质。

第三节　氨氮综合分析及其监控技术

一、氨氮循环水质分析

有机氮、氨氮、亚硝酸盐氮、硝酸盐氮等物质之间形成相互转化、相互影响的循环系统——动力学系统，因而需要从总体来考虑氨氮的综合治理。

1. 水体充分混合的水库安氮循环水质模型

根据文献[8]，水库安氮循环水质模型主要按水体充分混合的情况考虑，其基本方程如下：

$$\frac{dN_1}{dt} = -K_{11} N_1 + N_1^* \qquad (4-28)$$

$$\frac{dN_2}{dt} = -K_{22} N_2 + K_{12} N_1 + N_2^* \qquad (4-29)$$

$$\frac{dN_3}{dt} = -K_{33} N_3 + K_{23} N_2 + N_3^* \qquad (4-30)$$

$$\frac{dN_4}{dt} = -K_{44} N_4 + K_{34} N_3 + N_4^* \qquad (4-31)$$

式中　N_1、N_2、N_3、N_4——有机氮、氨氮、亚硝酸盐氮和硝酸盐氮的浓度，mg/L；

N_1^*、N_2^*、N_3^*、N_4^*——污染源排放的有机氮、氨氮、亚硝酸盐氮和硝酸盐氮的负荷，mg/（L·d）；

K_{11}、K_{22}、K_{33}、K_{44}——污染源排放的有机氮、氨氮、亚硝酸盐氮和硝酸盐氮的降解系数，1/d；

K_{12}、K_{23}、K_{34}——污染源排放的有机氮转化为氨氮、氨氮转化为亚硝酸盐氮、亚硝酸盐氮转化为硝酸盐氮的转化系数，1/d。

2. 实际水库安氮循环水质模型

实际上，一般水体不能充分混合，需要考虑氨氮等污染物的浓度在空间上的差异，即

污染物迁移和离散运动，则上述模型应改为

$$\frac{\partial N_1}{\partial t} + U \frac{\partial N_1}{\partial x} = E_x \frac{\partial^2 N_1}{\partial x^2} - K_{11} N_1 + N_1^* \tag{4-32}$$

$$\frac{\partial N_2}{\partial t} + U \frac{\partial N_2}{\partial x} = E_x \frac{\partial^2 N_2}{\partial x^2} - K_{22} N_2 + K_{12} N_1 + N_2^* \tag{4-33}$$

$$\frac{\partial N_3}{\partial t} + U \frac{\partial N_3}{\partial x} = E_x \frac{\partial^2 N_3}{\partial x^2} - K_{33} N_3 + K_{23} N_2 + N_3^* \tag{4-34}$$

$$\frac{\partial N_4}{\partial t} + U \frac{\partial N_4}{\partial x} = E_x \frac{\partial^2 N_4}{\partial x^2} - K_{44} N_4 + K_{34} N_3 + N_4^* \tag{4-35}$$

3. 方程组的解

实际水库安氮循环水质模型的稳态方程为

$$U \frac{\partial N_1}{\partial x} = E_x \frac{\partial^2 N_1}{\partial x^2} - K_{11} N_1 + N_1^* \tag{4-36}$$

$$U \frac{\partial N_2}{\partial x} = E_x \frac{\partial^2 N_2}{\partial x^2} - K_{22} N_2 + K_{12} N_1 + N_2^* \tag{4-37}$$

$$U \frac{\partial N_3}{\partial x} = E_x \frac{\partial^2 N_3}{\partial x^2} - K_{33} N_3 + K_{23} N_2 + N_3^* \tag{4-38}$$

$$U \frac{\partial N_4}{\partial x} = E_x \frac{\partial^2 N_4}{\partial x^2} - K_{44} N_4 + K_{34} N_3 + N_4^* \tag{4-39}$$

考虑到相对于污染物的迁移运动而言，扩散运动较小，扩散系数也比较小，因此，可以忽略扩散的影响，那么，式（4-36）～式（4-39）可以改写为

$$U \frac{\partial N_1}{\partial x} = - K_{11} N_1 + N_1^* \tag{4-40}$$

$$U \frac{\partial N_2}{\partial x} = - K_{22} N_2 + K_{12} N_1 + N_2^* \tag{4-41}$$

$$U \frac{\partial N_3}{\partial x} = - K_{33} N_3 + K_{23} N_2 + N_3^* \tag{4-42}$$

$$U \frac{\partial N_4}{\partial x} = - K_{44} N_4 + K_{34} N_3 + N_4^* \tag{4-43}$$

假设 N_1^*、N_2^*、N_3^*、N_4^* 均为常数，则以上方程可变为

$$U \frac{\partial N_1}{\partial x} = - K_{11} N_1 \tag{4-44}$$

$$U \frac{\partial N_2}{\partial x} = - K_{22} N_2 + K_{12} N_1 \tag{4-45}$$

$$U \frac{\partial N_3}{\partial x} = - K_{33} N_3 + K_{23} N_2 \tag{4-46}$$

$$U \frac{\partial N_4}{\partial x} = - K_{44} N_4 + K_{34} N_3 \tag{4-47}$$

解得

$$N_1 = N_{01} e^{-\frac{K_{11}}{U} x} \tag{4-48}$$

$$N_2 = \left(N_{02} - \frac{K_{12}}{K_{22} - K_{11}} N_{01} \right) e^{-\frac{K_{22}}{U} x} + \frac{K_{12}}{K_{22} - K_{11}} N_{01} e^{-\frac{K_{11}}{U} x} \tag{4-49}$$

$$N_3 = \left[N_{03} - \frac{K_{23}}{K_{33}-K_{22}} \left(N_{02} - \frac{K_{12}}{K_{22}-K_{11}} N_{01} \right) - \frac{K_{12}K_{23}}{(K_{22}-K_{11})(K_{33}-K_{11})} N_{01} \right] e^{-\frac{K_{33}}{U}x}$$

$$+ \left[\frac{K_{23}}{K_{33}-K_{22}} \left(N_{02} - \frac{K_{12}}{K_{22}-K_{11}} N_{01} \right) \right] e^{-\frac{K_{22}}{U}x} + \frac{K_{12}K_{23}}{(K_{22}-K_{11})(K_{33}-K_{11})} N_{01} e^{-\frac{K_{11}}{U}x}$$

$$\tag{4-50}$$

$$N_4 = A e^{-\frac{K_{44}}{U}x} + B e^{-\frac{K_{33}}{U}x} + C e^{-\frac{K_{22}}{U}x} + D e^{-\frac{K_{11}}{U}x} \tag{4-51}$$

其中

$$B = \frac{K_{34}}{K_{44}-K_{33}} \left[N_{03} - \frac{K_{23}}{K_{33}-K_{22}} \left(N_{02} - \frac{K_{12}}{K_{22}-K_{11}} N_{01} \right) - \frac{K_{12}K_{23}}{(K_{22}-K_{11})(K_{33}-K_{11})} N_{01} \right]$$

$$C = \frac{K_{23}}{(K_{33}-K_{22})(K_{44}-K_{22})} \left(N_{02} - \frac{K_{12}}{K_{22}-K_{11}} N_{01} \right)$$

$$D = \frac{K_{12}K_{23}K_{34}}{(K_{22}-K_{11})(K_{33}-K_{11})(K_{44}-K_{11})} N_{01}$$

$$A = N_{04} - B - C - D$$

式中　N_{01}、N_{02}、N_{03}、N_{04}——有机氮、氨氮、亚硝酸盐氮和硝酸盐氮的初始浓度，mg/L。

二、氨氮循环水质的监控技术

明确有机氮、氨氮、亚硝酸盐氮和硝酸盐氮之间的转化、自净的相互关系，分析氨氮综合水质模型的关键因素，为氨氮的监控和综合治理提供科学依据，为此，需要从整体分析氨氮的降解速率。设

$$N = \frac{K_{12}}{K_{11}} N_1 + \frac{K_{23}}{K_{22}} N_2 + \frac{K_{34}}{K_{33}} N_3 + N_4 \tag{4-52}$$

则

$$\frac{\partial N}{\partial t} = \frac{K_{12}}{K_{11}} \frac{\partial N_1}{\partial t} + \frac{K_{23}}{K_{22}} \frac{\partial N_2}{\partial t} + \frac{K_{34}}{K_{33}} \frac{\partial N_3}{\partial t} + \frac{\partial N_4}{\partial t} \tag{4-53}$$

将式（4-28）～式（4-31）代入式（4-53），并忽略 N_1^*、N_2^*、N_3^*、N_4^*，则得

$$\frac{\partial N}{\partial t} = -K_{44} N_4 \tag{4-54}$$

由此可见，N 是反映总氮的综合函数，其变化速率只与硝酸盐氮浓度及其降解系数有关，说明有机氮、氨氮、亚硝酸盐氮最终转化为硝酸盐氮，因此，硝酸盐氮是氨氮循环的关键，其降解速率和浓度是监控总氮的重要指标和监控因子。

第四节　蓄潮冲污工程的设计

在蓄潮冲污的水力设计上，需要考虑几个技术要素：水闸的位置、开闸时间、冲刷效率等。需要通过水力分析，确保蓄潮冲污的有效性。

一、闸址的位置、开闸时间

河道蓄潮水量泄空时间为 T，由泄库容 W 和最大流量 Q_m 来确定，即式（2-86）：

$$T = K \frac{W}{Q_m}$$

式中 K——系数，对于 4 次抛物线，$K=4\sim5$；对于 2.5 次抛物线，$K=2.5$。

计算时，首先要初步拟定水闸位置和关闸时的潮水位，并估算可排泄水量，计算开闸的最大流量，根据式（2-86）初步确定 T，按照表 2-8 或表 2-9 的流量过程计算排水总量，并与可泄库容 W 比较，反复试算，直至计算排水总量等于可泄库容 W，即确定河道蓄潮水量泄空时间 T。

其次，开闸与开始涨潮的时间应与泄空时间相适应，确保涨潮前能够基本泄空河道。为最大限度利用潮水冲污，应该以排泄水量最大化为目标，因此，水闸位置越靠近河口，可排泄水量就越大，但要保证涨潮前能够泄空河道。

设计工况下，最高潮水位对应的河道库容为 V_{max}，开闸时的河道库容为 V_{min}，则可排泄水量为

$$W = V_{max} - V_{min} \qquad (4-55)$$

设开闸时刻为 t_0，涨潮时刻为 t_k，那么

$$t_k - t_0 = K \frac{W}{Q_m} \qquad (4-56)$$

由式（4-55）和式（4-56）确定水闸的位置。设定水闸位置，由式（4-55）和式（4-56）分别计算 W，当两式计算结果相等时，则假设的水闸位置合理，即为水闸的设计闸址。

二、闸址的位置、开闸时间的优化设计

1. 基本方程

以排泄水量最大化为目标的优化模型为

$$W_{max} = \min \left\{ \frac{Q_m (t_k - t_0)}{K}, V_{max} - V_{min} \right\} \qquad (4-57)$$

约束条件 1：最大溃坝流量 Q_m。

（1）满足临界流判断式（2-77），并且水闸与河道宽度相同时，闸址处最大溃坝流量按式（2-78）计算。

（2）满足临界流判断式（2-77），并且水闸比河道宽度小时，闸址处最大溃坝流量按式（2-79）计算。

（3）水闸过流公式。为了便于冲污，一般采用宽顶堰水闸。闸门开启速度适当降低，避免因水流过大，而对河床的冲刷破坏，这时采用水闸宽顶堰流计算公式（2-80）。

约束条件 2：闸址处的流量过程。

闸址处的流量过程一般可概化为 4 次和 2.5 次抛物线，其流量过程见表 2-8 和表 2-9。

2. 计算方法

（1）方案比较法。方程式（4-57）的求解方法比较复杂，可采用多方案比较法。设定 3～6 个水闸位置方案，首先分别求解开闸时间 t_0，并由式（4-56）计算排泄水量，取排泄水量最大的闸址方案。

（2）简化计算。假设闸址位于河口位置，由式（4-56）计算最大排泄水量：

$$W_{\max} = \frac{Q_m(t_k - t_0)}{K} \tag{4-58}$$

如果

$$\frac{Q_m(t_k - t_0)}{K} \geqslant V_{\max} - V_{\min} \tag{4-59}$$

则河口位置为最优闸址。否则，闸址必须移向上游，在适当位置选定闸址，重复以上计算，直至

$$\frac{Q_m(t_k - t_0)}{K} \leqslant V_{\max} - V_{\min} \tag{4-60}$$

即可确定最优闸址。

第五节　河流生态恢复工程的设计

河道地貌是水沙运动长期作用形成的，是周边生物赖以生存的生境。动植物经过长期的进化已适应这一环境，如果改变河道地貌，会影响河道及其周边的生态生境。因此，保护或恢复河道自然地貌是生态水利工程的重要任务之一。河道地貌是复杂的，合理地评价或描述河道地貌是保护河道生态的基础。目前，一般采用 Rosgen 地貌分类模型来评价河道地貌[1]，其主要特征参数或评价指标有宽窄率、宽深比、汊道数、蜿蜒度、河道坡降和河床材料等。其中河道平面形态主要利用汊道数、蜿蜒度来评价，断面形态由宽窄率、宽深比来评价。事实上，河道的平面和断面形态是非常复杂的，仅仅用几个特征值是难于反映河道的地貌特性，引入非线性理论中的分形理论可以更加有效地描述河道地貌特征，分形几何指标也可用于河道自然地貌的恢复和修复。

非线性理论所描述的分形是指具有严格自相似性的研究对象[2]，一旦初始元和生成元被确定，它就按严格的规律不断变化，直至无穷。但是河道岸线等自然形成的曲线并不具有严格的自相似性，其自相似性只存在于无标度区内，在无标度区外就不存在自相似性，也就无从讨论其分形特性。

本节主要讨论河岸线或堤线的无标度区的尺度范围，在无标度区内分析河道的分形特性，并利用分形特性来修复自然河道。

一、河道地貌分形特性与河道修复

利用分形理论来研究河道堤岸线的几何特性，其主要任务之一是分析其无标度区，并据此进行河道修复研究。由于河道平面形态十分复杂，一般来说河道各河段的分形特性是不同的，平面形态与断面形态也有区别，因此，需要根据实际情况分段、分部进行分析和研究。河道平面形态与断面形态的分形特性主要有以下几个特点：

（1）有多个无尺度区。河道平面形态比较复杂，在不同的尺度范围会呈现不同的无尺度区，不同的尺度区有不同的分维值。

（2）各河段的分形特性不同。可以河道全长进行分形特性分析，但河道形态与河道的地形、地质构造有很大关系，由于地形地质条件的变化，各河段的形态变化较大，必要时

应分段分析河道。

以河道堤岸线为例来分析，首先需要建立测量尺度与河道堤岸线长度的关系，方法是利用实测地形图，用圆规来量取河道长度，例如沿河道右岸堤线测量，圆规两脚开度代表测量尺度，分别取 r_1、r_2、r_3、$\cdots$、r_n，量得右岸堤线长度分别为 L_1、L_2、L_3、$\cdots$、L_n，再应用分形几何分析方法，通过作图分析无标度区[2]。

为了作图分析，取横坐标为 $\ln r_i$，纵坐标为 $\ln L_i$，利用前面测量结果进行计算，并绘图。所绘制曲线的直线段即为无标度区，根据豪斯道夫维数定义，在该区域河道长度 L 与圆规开度 r 之间存在如下关系：

$$L = K r^{1-D_f} \tag{4-61}$$

式中　K——常数；

D_f——豪斯道夫维数。

在无标度区度区读取两个点：$D_1(r_1, L_1)$ 和 $D_2(r_2, L_2)$，代入式（4-61），并对式（4-61）取对数得：

$$\ln(L_1) = \ln(K) + (1-D_f)\ln(r_1)$$
$$\ln(L_2) = \ln(K) + (1-D_f)\ln(r_2)$$
$$D_f = 1 - \frac{\ln(L_1) - \ln(L_2)}{\ln(r_1) - \ln(r_2)} \tag{4-62}$$

将 D_f 代入方程式（4-61），即可求得 K：

$$K = \frac{L_1}{r^{\left[\frac{\ln(r_2) - \ln(r_2)}{\ln(L_1) - \ln(L_2)}\right]}} \tag{4-63}$$

河道修复也可以利用河道的分形特性来进行，修复的方法是先确定大尺度的河道形式，即河道的粗略模型，然后从大尺度到小尺度逐步恢复。尺度可以按整数倍选择，例如两级之间的尺度可以选为 2 倍、3 倍。按 2 倍尺度修复时，可以建立三角形修复单元，用修复单元反对称逐步覆盖原河道堤线，如图 4-1 所示。

设待修复堤线尺度为 r_1，本级修复采用的尺度为 r_2，则 $r_1 = 2r_2$，三角形修复单元的两腰长度为 r_2，弦长为

$$d_s = \frac{2r_2}{\left(\dfrac{r_1}{r^2}\right)^{1-D_f}} \tag{4-64}$$

三角形修复单元如图 4-1 所示。

按 3 倍尺度修复时，可以建立梯形修复单元，用修复单元反对称逐步覆盖原河道堤线。设待修复堤线尺度为 r_1，本级修复采用的尺度为 r_2，则 $r_1 = 3r_2$，梯形修复单元的两腰长度为 r_2，顶宽为弦长为 r_2，底宽为

$$d_s = r_2 + \frac{2r_2}{\left(\dfrac{r_1}{r^2}\right)^{1-D_f}} \tag{4-65}$$

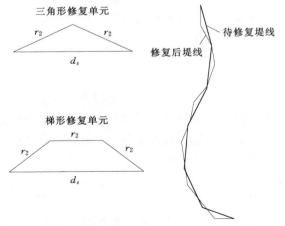

图 4-1　河道修复单元与修复方法示意图

梯形修复单元如图 4－1 所示。

二、算例

【例 4－2】　某河道原实测的右岸堤线如图 4－2 所示。在根据实测数据绘制的 CAD 地形图上，用不同的尺度来量取河道全长，采用的尺度系列有：10m、20m、40m、80m、160m、320m、640m、1280m、2560m，分别量取河道长度见表 4－4。

表 4－4　　　　　　　　各尺度量取的河道长度　　　　　　　　单位：m

尺度	10	20	40	80	160	320	640	1280	2560
河长	10040	9920	9720	8960	8120	7830	7550	7380	7170

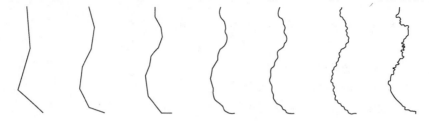

图 4－2　某河道实测右岸地形及其修复过程

以横坐标为：$\ln r_i$，纵坐标为 $\ln L_i$ 绘图，如图 4－3 所示。从图中可以看出，曲线可以分为三段直线：尺度＝10～40m、尺度＝40～160m、尺度＝160～2560m，三段表现的分形特性是不同的，可以看作三段无尺度区。

根据式（4－62）和式（4－63），分别计算得：

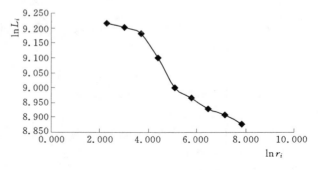

图 4－3　河道分形分析曲线

尺度＝10～40m 的无尺度区：$D_f = 1.023$、$K = 10594.96$。

尺度＝40～160m 的无尺度区：$D_f = 1.1297$、$K = 15686.093$。

尺度＝160～2560m 的无尺度区：$D_f = 1.046$、$K = 10252.786$。

以上分析可以看出，河道堤岸线十分复杂，不同尺度范围所显现的分形特性都有所不同，因此，在应用分形理论描述河道地貌必须分区、分段、分尺度范围加以区别，才能把握好河道地貌的复杂性。

现按式（4－64）模拟原河道，从 2560m 的尺度外形，逐步修复，直到 80m 尺度，修复过程和结果如图 4－2、图 4－3 所示，除局部不规则变化外，修复效果基本合理。

河道地貌形态是重要的生境，维护自然河道的形态是生态水利的重要任务。河道地貌是非常复杂的，现行的分析方法过于简单，不能全面评估河道地貌。本文推荐的分形分析法是用于复杂海岸线的描述，也适用于河道分析，由此给出的河道修复计算方法，使用简便，通过实例说明是非常有效，便于推广，对生态水利设计有一定的借鉴意义。

第六节　水库水质—生态系统模型的分析与监控技术

一、水库、湖泊综合水质—生态系统模型

水库、湖泊综合水质—生态系统模型充分考虑水质成分的迁移演化特征，以及水质成分与水生生态系统之间的相互联系，主要水质生态参数包括：浮游植物、浮游动物、有机磷、无机磷、有机氮、氨氮、亚盐酸盐氮、硝酸盐氮、生化需氧量、总溶解氧等，基本方程组如下。

1. 叶绿素 a 的浓度

叶绿素 a 与浮游植物的藻类生物量浓度有关，即

$$C_\alpha = \alpha_0 A \tag{4-66}$$

式中　C_α——叶绿素 a 的浓度，$\mu g/L$；

　　　A——浮游植物的藻类生物量浓度，mg/L；

　　　α_0——转换因子，是叶绿素 a 与藻类生物量之比。

$$\frac{dA}{dt} = \mu_A A - \rho_A A - C_g ZA \tag{4-67}$$

其中　$\mu_A = \mu_{A\max\, <20℃>} \theta^{T-20} \left(\frac{N_3}{K_{N3}+N_3}\right) \left(\frac{OP}{K_{OP}+OP}\right) \left(\frac{C}{K_C+C}\right) \frac{1}{\lambda H} \ln\left(\frac{K_L+L}{K_L+Le^{-\lambda H}}\right)$ （4-68）

式中　μ_A——藻类生物量增长率，$1/d$；

　　$\mu_{A\max}$——20℃时藻类生物量最大生长量，$1/d$；

　　　θ——温度系数，取值为 1.02～1.06；

　　　T——实测温度，℃；

　　　N_3——硝酸盐氮浓度，mg/L；

　　OP——正磷酸盐磷浓度，mg/L；

　　　C——碳浓度，mg/L；

　　K_{N3}——与温度有关的硝酸盐氮半饱和浓度，mg/L；

　　K_{OP}——与温度有关的正磷酸盐磷半饱和浓度，mg/L；

　　　K_C——与温度有关的碳半饱和浓度，mg/L；

　　　L——日照强度，兰勒/d；

　　　K_L——光的半饱和系数，兰勒/d；

　　　λ——河流水体的消光系数，$1/m$；

　　　ρ_A——藻类呼吸作用损失率，$1/d$；

　　　C_g——浮游动物食藻类率，$L/(d\cdot mg)$；

　　　Z——浮游动物生物量浓度，mg/L。

2. 浮游动物

浮游动物以捕食藻类为主的动物，其随时间变化的微分方程为

$$\frac{\mathrm{d}Z}{\mathrm{d}t} = G_{\max} \frac{A}{K_z + A} Z - D_z Z \tag{4-69}$$

式中 $G_{\max}$——浮游动物最大生长率，1/d；

    K_z——Michaelis-Menten 常数，mg/L；

    D_z——浮游动衰减率，1/d。

3. 无机磷

根据磷的存在状态可分为：溶解态的无机磷 P_1、游离态的有机磷 P_2、沉淀态的磷 P_3，单位均为 mg/L。主要考虑溶解态的无机磷 P_1、游离态的有机磷 P_2，则

$$\frac{\mathrm{d}P_1}{\mathrm{d}t} = -\mu_A A_{PP} A + I_3 P_3 - I_1 P_1 + I_2 P_2 + p_1 \tag{4-70}$$

式中 A_{PP}——藻类磷与碳的含量比率；

    I_1——底泥的吸收率，1/d；

    I_2——有机磷的降解率，1/d；

    I_3——底泥的释放率，1/d；

    p_1——无机磷排放速率，mg/(L·d)。

4. 有机磷

$$\frac{\mathrm{d}P_2}{\mathrm{d}t} = \rho_A A_{PP} A + p_2 - I_4 P_2 - I_2 P_2 \tag{4-71}$$

式中 p_2——有机磷的排放速率（含浮游动物转化为有机磷部分），mg/(L·d)；

    I_4——有机磷底泥的吸附率，1/d。

5. 有机氮

$$\frac{\mathrm{d}N_1}{\mathrm{d}t} = -\beta_4 N_1 + \rho_A A_{NP} A - \beta_6 N_1 + n_1 \tag{4-72}$$

式中 N_1——有机氮浓度，mg/L；

    β_4——有机氮降解速率常数，1/d；

    A_{NP}——藻类氮与碳的含量比率；

    β_6——底泥对有机氮吸收的速率常数，1/d；

    n_1——有机氮的排放速率（含藻类和浮游动物腐败释放的有机氮），mg/(L·d)。

6. 氨氮

$$\frac{\mathrm{d}N_2}{\mathrm{d}t} = -\beta_1 N_2 - \mu_A A_{NP} A \frac{N_2}{N_2 + N_4} + \beta_4 N_1 + \beta_5 N_4 + n_2 \tag{4-73}$$

式中 N_2——氨氮浓度，mg/L；

    β_1——与温度有关的氨氮生物氧化速率，即氨氮转化为磷亚酸盐氮的速率，1/d；

    β_4——有机氮的硝化率，1/d；

    β_5——底层氮的分解率，1/d；

    N_4——硝酸盐氮浓度，mg/L；

    n_2——氨氮的排放速率，mg/(L·d)。

7. 亚硝酸盐氮

$$\frac{\mathrm{d}N_3}{\mathrm{d}t}=\beta_1 N_2-\beta_2 N_3+n_3 \tag{4-74}$$

式中　N_3——亚硝酸盐氮浓度，mg/L;

β_2——亚硝酸盐氮转化为硝酸盐氮的速率，1/d;

n_3——亚硝酸盐氮的排放速率，mg/(L·d)。

8. 硝酸盐氮

$$\frac{\mathrm{d}N_4}{\mathrm{d}t}=\beta_2 N_3-\mu_A A_{NP}A\ \frac{N_4}{N_4+N_2}-\beta_3 N_4+n_4 \tag{4-75}$$

式中　N_4——硝酸盐氮浓度，mg/L;

n_4——硝酸盐氮的排放速率，mg/(L·d);

β_3——反硝化速率，1/d。

9. 碳化 BOD

碳化 BOD 用一阶反应来描述，则

$$\frac{\mathrm{d}L}{\mathrm{d}t}=-K_1 L \tag{4-76}$$

式中　L——BOD 浓度，mg/L;

K_1——BOD 衰减率，1/d。

10. 溶解氧

$$\frac{\mathrm{d}O}{\mathrm{d}t}=-K_1 L+K_2 D-\alpha_1\beta_1 N_2-\alpha_2\beta_2 N_3-\alpha_3\ (\mu_A-\rho_A)A-\frac{L_b}{\Delta h} \tag{4-77}$$

式中　O——溶解氧浓度，mg/L;

D——氧亏浓度，mg/L;

K_2——氧亏 D 衰减率，1/d;

α_1——化学当量常数，mg（氧）/mg（氨氮），$\alpha_1 \approx 3.5$;

α_2——化学当量常数，mg（氧）/mg（亚硝酸氮），$\alpha_2 \approx 1.5$;

α_3——化学当量常数，mg（氧）/mg（藻类碳），$\alpha_3 \approx 1.6$;

L_b——底泥耗氧率，g/(m²·d);

Δh——底层水厚度，m。

式（4-66）～式（4-75）反映藻类、浮游动物、无机磷、有机磷、有机氮、氨氮、亚硝酸盐氮、硝酸盐氮相互转化和依赖关系。式（4-66）～式（4-75）构成一动力系统，有 A、Z、P_1、P_2、N_1、N_2、N_3、N_4、L、O 等 10 变量，还有 μ_A、ρ_A、C_g、$G_{\max}$、D_z、I_1、I_2、I_3、I_4、p_1、p_2、n_1、n_2、n_3、n_4、β_1、β_2、β_3、β_4、β_5、β_6、K_1、K_2、α_1、α_2、α_3、L_b 等 27 个参数，这些参数不是常数，受到各种因素的影响，是整个系统的不确定因素之一。因此，水库（湖泊）综合水质－生态系统的分析十分困难，对系统的监控也十分困难，利用李雅普诺夫函数理论可以找出系统的关键要素，通过对关键要素的分析和监控可以掌握整个系统的特性和变化。

二、生态系氨氮循环水质的平衡状态解

河口水生生态系氮循环模型考虑浮游植物、浮游动物的相互关系以及氨氮、亚硝酸盐氮和硝酸盐氮的相互转化关系。浮游动物、浮游植物的有机腐殖质产生氨氮，而氨氮、亚硝酸盐氮和硝酸盐氮又为浮游植物吸收，同时氨氮硝化作用转化为亚硝酸盐氮和硝酸盐氮，浮游动物消耗可食用浮游植物和有机腐殖质。

为简便起见，仅考虑浮游植物与氨氮、亚硝酸盐氮和硝酸盐氮的相互转化关系，那么以上方程简化为

$$\frac{dA}{dt} = \mu_A A - \rho_A A - \frac{\sigma_1 A}{H} - G_z A \tag{4-78}$$

$$\frac{dN_1}{dt} = \alpha_1 \rho_A A - \beta_1 N_1 + \frac{\sigma_2}{A_x} \tag{4-79}$$

$$\frac{dN_2}{dt} = \beta_1 N_1 - \beta_2 N_2 \tag{4-80}$$

$$\frac{dN_3}{dt} = \beta_2 N_2 - \alpha_1 \mu_A A \tag{4-81}$$

1. 基于李雅普诺夫理论水生生态系氮循环模型的平衡状态解

式（4-78）～式（4-81）为非线性微分方程组，求解方程组有一定困难，只能采用数值算法计算。河流综合水质的动力系统，经过一定时间后，会趋于某一平衡状态。方程组的平衡状态解，才能反映系统最终状态。因此，系统的平衡状态解具有重要意义。

浮游植物的藻类生物量浓度 A（$\geqslant 0$）、氨氮 N_1（$\geqslant 0$）、亚硝酸盐氮 N_2（$\geqslant 0$）和硝酸盐氮 N_3（$\geqslant 0$）的相互转化关系构成一循环动力系统，各函数均为正定函数，负值无意义。根据李雅普诺夫理论，可以构建一正定函数：

$$V = \alpha_1 A + N_1 + N_2 + N_3 \tag{4-82}$$

函数 V 符合正定条件，它是综合水质模型各物质的总量，并且当 A、N_1、N_2、N_3 趋近于 0 时，$V=0$。所以，V 符合李雅普诺夫函数的条件。方程（4-82）两边微分，并将式（4-78）～式（4-81）代入：

$$\frac{dV}{dt} = -\alpha_1 \left(\frac{\sigma_1}{H} + G_z \right) A + \frac{\sigma_2}{A_x} \tag{4-83}$$

当满足式（4-84）时，即

$$A > \frac{\sigma_2}{A_x \alpha_1 \left(\frac{\sigma_1}{H} + G_z \right)} \tag{4-84}$$

函数 V 负增长，A 将随函数 V 的减小而减小。否则，如果 A 不随函数 V 的减小而减小，那么由式（4-84）可以判断，函数 V 一直维持负增长，直至为 0。由式（4-82）可知，$V=0$，必然导致 $A=0$。所以，A 必然随函数 V 的减小而减小。

当满足式（4-85）时，即

$$A < \frac{\sigma_2}{A_x \alpha_1 \left(\frac{\sigma_1}{H} + G_z \right)} \tag{4-85}$$

函数 V 正增长，根据式（4-83），函数 V 的增大，必然使浮游植物的藻类生物量浓度 A 也逐步增大。否则，如果假设 A 不随函数 V 的增大而增大，那么由式（4-83）可以判断，函数 V 一直维持正增长，直至为无穷大。由式（4-82）可知，$V=\infty$，除 A 之外，N_1、N_2、N_3 中必然有一组函数为无穷大：

当 $N_1=\infty$ 时，由式（4-79）可知

$$\frac{dN_1}{dt} \rightarrow -\infty \tag{4-86}$$

N_1 迅速减小，因此 N_1 不可能达到无穷大。同理，N_2 也不可能达到无穷大。

当 $N_3=\infty$ 时，由式（4-81）可知，μ_A 值增至最大，由式（4-80）可知，A 必然增加（否则，藻类会自灭，这不符合实际），这与假设不相符。所以，A 必然随函数 V 的减小而减小。

由以上分析可知，浮游植物的藻类生物量浓度 A 必然趋近于

$$A \rightarrow \frac{\sigma_2}{A_x\alpha_1\left(\dfrac{\sigma_1}{H}+G_z\right)} \tag{4-87}$$

此时函数 V 维持稳定或平衡。从循环动力系统分析来看，浮游植物的藻类生物量浓度 A 最终维持在式（4-87）的水平，这是系统的平衡状态。在这一状态，氨氮含量可以由方程式（4-79）求得。将式（4-87）代入式（4-79），则式（4-79）趋近于

$$\frac{dN_1}{dt} = -\beta_1 N_1 + \frac{\sigma_2}{A_x} + \frac{\sigma_2\rho_A}{A_x\left(\dfrac{\sigma_1}{H}+G_z\right)} \tag{4-88}$$

解得：

$$N_1 = N_{10}e^{-\beta_1 t} + \frac{1}{\beta_1}\left[\frac{\sigma_2}{A_x} + \frac{\sigma_2\rho_A}{A_x\left(\dfrac{\sigma_1}{H}+G_z\right)}\right](1-e^{-\beta_1 t}) \tag{4-89}$$

当 $t\rightarrow\infty$ 时，

$$N_1 \rightarrow \frac{1}{\beta_1}\left[\frac{\sigma_2}{A_x} + \frac{\sigma_2\rho_A}{A_x\left(\dfrac{\sigma_1}{H}+G_z\right)}\right] \tag{4-90}$$

式（4-90）为氨氮平衡状态的浓度。将式（4-90）中 N_1 的极值代入式（4-80），可得

$$\frac{dN_2}{dt} = -\beta_2 N_2 + \left[\frac{\sigma_2}{A_x} + \frac{\sigma_2\rho_A}{A_x\left(\dfrac{\sigma_1}{H}+G_z\right)}\right] \tag{4-91}$$

解得亚硝酸盐氮的浓度为

$$N_2 = N_{20}e^{-\beta_2 t} + \frac{1}{\beta_2}\left[\frac{\sigma_2}{A_x} + \frac{\sigma_2\rho_A}{A_x\left(\dfrac{\sigma_1}{H}+G_z\right)}\right](1-e^{-\beta_2 t}) \tag{4-92}$$

当 $t\rightarrow\infty$ 时，

$$N_2 \rightarrow \frac{1}{\beta_2}\left[\frac{\sigma_2}{A_x} + \frac{\sigma_2\rho_A}{A_x\left(\dfrac{\sigma_1}{H}+G_z\right)}\right] \tag{4-93}$$

式（4-93）为亚硝酸盐氮的平衡状态浓度。将式（4-93）中 N_2 的极值和式（4-87）中

A 的极值代入式（4-81），可得

$$\frac{\mathrm{d}N_3}{\mathrm{d}t}=-\frac{\sigma_2}{A_x\left(\frac{\sigma_1}{H}+G_z\right)}\left(\mu_A-\rho_A-\frac{\sigma_1}{H}-G_z\right) \tag{4-94}$$

当 A 趋近于式（4-87）的常数时，由式（4-78）可知

$$\frac{\mathrm{d}A}{\mathrm{d}t}=\mu_AA-\rho_AA-\frac{\sigma_1A}{H}-G_zA=0 \tag{4-95}$$

即

$$\mu_A-\rho_A-\frac{\sigma_1}{H}-G_z=0 \tag{4-96}$$

代入式（4-94）

$$\frac{\mathrm{d}N_3}{\mathrm{d}t}=-\frac{\sigma_2}{A_x\left(\frac{\sigma_1}{H}+G_z\right)}\left(\mu_A-\rho_A-\frac{\sigma_1}{H}-G_z\right)=0 \tag{4-97}$$

则

$$N_3\rightarrow N_{03} \tag{4-98}$$

式中　N_{03}——N_3 的终值常数。

由式（4-68）、式（4-96）可得：

$$\mu_A=\left(\frac{N_{03}}{K_{N_3}+N_{03}}\right)M=\rho_A+\frac{\sigma_1}{H}+G_z \tag{4-99}$$

$$M=\mu_{A\max(20℃)}\theta^{T-20}\left(\frac{OP}{K_{OP}+OP}\right)\left(\frac{C}{K_C+C}\right)\frac{1}{\lambda H}\ln\left(\frac{K_L+L}{K_L+Le^{-\lambda H}}\right)$$

由式（4-99）可求得

$$N_{03}=\frac{K_{N_3}\left(\rho_A+\frac{\sigma_1}{H}+G_z\right)}{M-\left(\rho_A+\frac{\sigma_1}{H}+G_z\right)} \tag{4-100}$$

则

$$V\rightarrow\frac{\sigma_2\rho_A}{A_x\left(\frac{\sigma_1}{H}+G_z\right)}+\left(\frac{1}{\beta_1}+\frac{1}{\beta_2}\right)\left[\frac{\sigma_2}{A_x}+\frac{\sigma_2\rho_A}{A_x\left(\frac{\sigma_1}{H}+G_z\right)}\right]+\frac{K_{N_3}\left(\rho_A+\frac{\sigma_1}{H}+G_z\right)}{M-\left(\rho_A+\frac{\sigma_1}{H}+G_z\right)} \tag{4-101}$$

2. 算例

【例 4-3】　某河道氨氮水质模型的主要参数如下：

由细菌活动分解藻类生物量为氨氮的部分 $\alpha_1=0.08$ [mg（氮）/mg（藻类）]。

藻类呼吸作用损失率 $\rho_A=0.1$（1/d）。

藻类沉降率 $\sigma_1=0.08$（m/d）。

浮游动物吃掉的藻类 $G_z=0.05$（1/d）。

氨氮转化为磷亚酸盐氮的速率 $\beta_1=0.1$（1/d）。

亚硝酸盐氮转化为硝酸盐氮的速率 $\beta_2=2$（1/d）。

底泥释放氨氮的速率 $\sigma_2=0.5$ [mg/（m·d）]。

x 位置的河道横断面面积 $A_x=167$（m²）。

x 位置的河道横断面水深 $H=6.2$（m）。

$M=1.2$。

$K_{N_3} = 0.2$（mg/L）。

求藻类生物量浓度 A、氨氮浓度 N_1、亚硝酸盐 N_2、硝酸盐氮 N_3。

解： 河道综合水质模型的平衡状态解为

$$A \to \frac{\sigma_2}{A_x \alpha_1 \left(\frac{\sigma_1}{H} + G_z \right)} = \frac{0.5}{167 \times 0.08 \left(\frac{0.08}{6.2} + 0.05 \right)} = 0.595 \text{(mg/L)}$$

$$N_1 \to \frac{1}{\beta_1} \left[\frac{\sigma_2}{A_x} + \frac{\sigma_2 \rho_A}{A_x \left(\frac{\sigma_1}{H} + G_z \right)} \right] = \frac{1}{0.1} \left[\frac{0.5}{167} + \frac{0.5 \times 0.1}{167 \left(\frac{0.08}{6.2} + 0.05 \right)} \right] = 0.035 \text{(mg/L)}$$

$$N_2 \to \frac{1}{\beta_2} \left[\frac{\sigma_2}{A_x} + \frac{\sigma_2 \rho_A}{A_x \left(\frac{\sigma_1}{H} + G_z \right)} \right] = 0.018 \text{(mg/L)}$$

$$N_3 \to \frac{K_{N_3} \left(\rho_A + \frac{\sigma_1}{H} + G_z \right)}{M - \left(\rho_A + \frac{\sigma_1}{H} + G_z \right)} = 0.0188 \text{(mg/L)}$$

河流综合水质模型反映污染物、水生物之间的相互依存、相互转化的关系，它们之间构成一个循环，水质的变迁最终趋于一平衡状态。算例给出的基本参数均在一般正常值范围内，由此推算的平衡状态参数也属于正常值范围，结果合理。

三、水库、湖泊综合水质—生态系统的监控技术

水库、湖泊综合水质—生态系统模型的主要水质生态参数包括：浮游植物、浮游动物、有机磷、无机磷、有机氮、氨氮、亚盐酸盐氮、硝酸盐氮、生化需氧量、总溶解氧等。相互关系密切的水质生态参数主要是：浮游植物、有机磷、无机磷、有机氮、氨氮、亚盐酸盐氮、硝酸盐氮等，它们的变化影响整个系统的发展趋势，是水库、湖泊综合水质—生态系统监控的主要对象，为了把握浮游植物、有机磷、无机磷、有机氮、氨氮、亚盐酸盐氮、硝酸盐氮等的循环变化规律，主要研究式（4-67）～式（4-75），为便于分析，将式（4-67）～式（4-75）简化为：

$$\frac{\mathrm{d}A}{\mathrm{d}t} = (\mu_A - \rho_A) A \tag{4-102}$$

$$\frac{\mathrm{d}N_1}{\mathrm{d}t} = -(\beta_4 + \beta_6) N_1 + \rho_A A_{NP} A \tag{4-103}$$

$$\frac{\mathrm{d}N_2}{\mathrm{d}t} = -\beta_1 N_2 - \mu_A A_{NP} A \frac{N_2}{N_2 + N_4} + \beta_4 N_1 + \beta_5 N_4 \tag{4-104}$$

$$\frac{\mathrm{d}N_3}{\mathrm{d}t} = \beta_1 N_2 - \beta_2 N_3 \tag{4-105}$$

$$\frac{\mathrm{d}N_4}{\mathrm{d}t} = \beta_2 N_3 - \mu_A A_{NP} A \frac{N_4}{N_4 + N_2} - \beta_3 N_4 \tag{4-106}$$

$$\frac{\mathrm{d}P_1}{\mathrm{d}t} = -\mu_A A_{PP} A - I_1 P_1 + I_2 P_2 \tag{4-107}$$

$$\frac{\mathrm{d}P_2}{\mathrm{d}t} = \rho_A A_{PP} A - (I_4 + I_2) P_2 \tag{4-108}$$

如果

$$D=\frac{\mu_A(A_{NP}+A_{PP})-\dfrac{\beta_4\rho_A A_{NP}}{\beta_4+\beta_6}-\dfrac{\rho_A A_{PP}I_2}{I_4+I_2}}{\mu_A-\rho_A}>0 \qquad (4-109)$$

则根据李雅普诺夫理论，可以构建一正定函数：

$$V=DA+\frac{\beta_4}{\beta_4+\beta_6}N_1+N_2+N_3+P_1+\frac{I_2}{I_2+I_4}P_2 \qquad (4-110)$$

函数 V 符合正定条件，它是综合水质模型各物质的总量，并且当 A、N_1、N_2、N_3、P_1、P_2 趋近于 0 时，$V=0$。所以，V 符合李雅普诺夫函数的条件。方程式（4-110）两边微分，并将式（4-102）～式（4-108）代入

$$\frac{\mathrm{d}V}{\mathrm{d}t}=-(\beta_3-\beta_5)N_4-I_1P_1 \qquad (4-111)$$

令

$$V=A+\frac{\beta_4}{\beta_4+\beta_6}N_1+N_2+N_3+P_1+\frac{I_2}{I_2+I_4}P_2 \qquad (4-112)$$

方程式（4-113）两边微分，并将式（4-103）～式（4-109）代入

$$\frac{\mathrm{d}V}{\mathrm{d}t}=MA-(\beta_3-\beta_5)N_4-I_1P_1 \qquad (4-113)$$

$$M=\mu_A-\rho_A-\left[\mu_A(A_{NP}+A_{PP})-\frac{\beta_4\rho_A A_{NP}}{\beta_4+\beta_6}-\frac{\rho_A A_{PP}I_2}{I_4+I_2}\right] \qquad (4-114)$$

条件式（4-109）说明水库（湖泊）的浮游植物含量低对水质影响小，水库、湖泊综合水质—生态系统的平衡状态取决于硝酸盐氮、溶解态的无机磷及其有机磷的降解率 I_2、反硝化速率 β_3、底层氮的分解率 β_5 等因素。不满足条件式（4-109）说明水库（湖泊）的浮游植物含量高对水质影响大，水库、湖泊综合水质—生态系统的平衡状态的影响因素多，比较复杂，但主要是硝酸盐氮、溶解态的无机磷及其有机磷的降解率 I_2、反硝化速率 β_3、底层氮的分解率 β_5 等因素。

水库、湖泊综合水质—生态系统的监控主要依据方程式（4-111）和式（4-113）。

第七节　人工生态湖的最优设计

在城市河道治理工程中，常常设置人工湖，一方面出于美化环境、营造水面景观的需要，另一方面，还可以利用人工湖调蓄洪水、增加水体自净能力，提高河道防洪能力和纳污容量。为了发挥人工湖的调蓄作用，需要研究人工湖设置的位置、大小与调蓄作用的关系。人工湖调蓄设计的目标是减缓洪水对堤防和排涝站的压力，有效地降低洪水位。

人工湖的调蓄作用主要针对城市小流域河道，这些河道全部或大部分位于城区，人工湖设置的位置和大小受到城区实际情况的限制，可能设置一系列串联人工湖，也可能为单一人工湖，一般利用原有河道两岸的滩地和低洼区域来设置。对于新开发区则有较大的设计自由度，可以兼顾多方面的需要。

一、防洪调蓄功能的优化

设河道串联布置 N 个人工湖，将河道分为 $N+1$ 段，人工湖的位置为 L_i。第 i 段河

道的最大流量由该河段末端断面（L_i 处）区间洪水流量过程 $Q_i(L_i, t)$ 与上游人工湖出口（L_{i+1}）同时段的泄洪流量过程 $q_{i+1}(L_{i+1}, t+\tau_i)$ 错时 τ_i 叠加的最大值，其对应的时刻为 t_i，则

$$Q_{i\max} = Q_i(L_i, t_i) + q_{i+1}(L_{i+1}, t_i + \tau_i) \tag{4-115}$$

令

$$W = \max\{Q_{1\max}, Q_{2\max}, \cdots, Q_{i\max}, \cdots\} \tag{4-116}$$

人工湖防洪调蓄功能的优化目标为

$$\min \quad W = \max\{Q_{1\max}, Q_{2\max}, \cdots, Q_{i\max}, \cdots\} \tag{4-117}$$

s. t.

$$L_i \leqslant L \quad i \in J = \{1, 2, 3, \cdots, N\} \tag{4-118}$$

式中　L——河道长度。

根据式（4-117），人工湖防洪调蓄功能的优化问题的理论解为

$$Q_{1\max} = Q_{2\max} = \cdots = Q_{i\max} = \cdots = Q_{N\max} \tag{4-119}$$

即各河段峰流量相等，并且各河段的洪峰流量趋于最小。但各河段的行洪能力不同，下游河段行洪能力较大，因此在实际工程中，应视具体情况来控制河段设计洪峰流量。

1. 人工湖的调蓄分析

（1）概化洪水过程。河道的洪水过程可以通过推理公式法和综合单位线法推求。为了便于分析，可以通过概化方式给出洪水过程的解析表达式。根据推理公式法，当汇流历时小于 $6h$，频率 $P(\%)$ 对应面雨量的雨力 S_P 和暴雨递减指数 n_P 分别为

$$S_P = H_{1P面} \tag{4-120}$$

$$1 - n_{P(1\sim6)} = \frac{\lg\left(\dfrac{H_{6P面}}{H_{1P面}}\right)}{\lg 6} \tag{4-121}$$

或

$$1 - n_{P\left(\frac{1}{6}\sim1\right)} = \frac{\lg\left(\dfrac{H_{1P面}}{H_{\frac{1}{6}P面}}\right)}{\lg 6} \tag{4-122}$$

$$H_{1P面} = \alpha_t K_{tp} \overline{H}_{t面}$$

式中　$H_{1P面}$——$t(\mathrm{h})$ 历时面暴雨量，mm；

　　　α_t——点面换算系数，对于特小流域的点面换算系数可以取为 1。

推理公式法的设计洪峰流量计算公式为

$$Q_P = 0.278\left[\frac{\alpha_1 H_{1P}}{\left(\dfrac{0.278\theta}{mQ_P^{\frac{1}{4}}}\right)^{n_P}} - \overline{f}_1\right]F \tag{4-123}$$

其中

$$\theta = \frac{L}{J^{\frac{1}{3}}}$$

式中　Q_P——与设计频率 P 对应的洪峰流量；

　　　H_{1P}——1h 历时点暴雨量，mm；

　　　F——集水面积，km^2。

相应的汇理历时计算公式为

$$\tau = \frac{0.278L}{mJ^{\frac{1}{3}}Q_P^{\frac{1}{4}}} \qquad (4-124)$$

式中　L——河道长度,km;

J——河道纵比降;

m——汇流参数。

广东省综合概化洪水过程线见表 4-5。

表 4-5　　　　　　　　　　综合概化洪水过程线

时间(h)	0.4τ	τ	2τ	备注
洪水流量(m³/s)	$0.1Q_P$	Q_P	$0.11Q_P$	

洪水流量过程可以用以下方程式表示

$$Q = \begin{cases} Q_P\left(0.1 + 0.9 \times \dfrac{t-0.4\tau}{0.6\tau}\right), & 0.4\tau \leqslant t \leqslant \tau \\ Q_P\left(0.11 + 0.89 \times \dfrac{2\tau-t}{\tau}\right), & \tau \leqslant t \leqslant 2\tau \end{cases} \qquad (4-125)$$

（2）人工湖水位—库容—泄流量关系曲线。设人工湖水面积为 F_{ri}，人工湖出口河道水深为 h_i，则人工湖水位—库容关系曲线可用 h_i 来表示，人工湖库容的计算公式为

$$V_i = V_{i0} + F_{ri}h_i \qquad (4-126)$$

式中　V_{i0}——人工湖出口河道底高程以下的库容，计算时可以取为 0。

考虑到避免河道水位的突变，令人工湖水位与进出口河道水位齐平，则出口流量过程可以按均匀流近似计算

$$Q = AC\sqrt{JR} \qquad (4-127)$$

式中　A——过水面积;

C——谢才系数;

R——水力半径;

J——纵坡降。

人工湖起调水深为 h_{imin}，最大水深为 h_{imax}，上游来水流量为 Q_P，则调蓄库容为

$$V = {}_{(h_{imax}-h_{imin})}F_{ri} \qquad (4-128)$$

那么，设人工湖泄洪平均流量为 $\overline{Q}_i$，由式（4-125）可得

$$\frac{1}{2} \times 0.89Q_P \times 1.593\tau\left(\frac{Q_P - \overline{Q}_i}{Q_P}\right)^2 = V \qquad (4-129)$$

解得

$$\overline{Q}_i = Q_P\left(1 - \sqrt{\frac{V}{0.7089Q_P\tau}}\right) \qquad (4-130)$$

人工湖出口河道宽度应满足式（4-130）的过流要求，近似分析时，可令水深为

$$\overline{h}_i = \frac{h_{imax} - h_{imin}}{2} \qquad (4-131)$$

代入式（4-127），并令 $Q = \overline{Q}_i$，则可确定河道宽度。

2. 人工湖位置确定

按照人工湖调蓄功能的优化设计要求，人工湖位置尽量均化各河段的洪水流量，避免

将洪水压力集中作用到某一河段，在人工湖库容一定的情况下，人工湖的设置位置将影响各河段洪水过程和洪峰流量，因此要合理地布置人工湖的位置，使得河道洪峰流量最小。

小流域洪水汇流历时短，各河道洪峰流量可以按区间洪峰流量与上游人工湖平均泄洪流量直接相加来计算。

设某城区河道流域面积为 F，河长为 L，河道纵比降为 J。设一人工湖，人工湖面积为 F_r，人工湖起调水深为 h_{min}，最大水深为 h_{max}。人工湖将河道分为两段：上游段集水面积为 F_1，河长为 L_1，河道纵比降为 J_1；下游段集水面积为 F_2，河长为 L_2，河道纵比降为 J_2。

由式（4-123）和式（4-124）可以计算出上游河段设计洪峰流量 Q_{P1} 及其汇流历时 τ_1 和下游河段设计洪峰流量为 Q_{P2} 及其汇流历时 τ_2。根据式（4-130）人工湖泄洪平均流量为

$$\overline{Q} = Q_{P1}\left(1 - \sqrt{\frac{V}{0.7089 Q_{P1}\tau_1}}\right) \tag{4-132}$$

那么人工湖位置应使人工湖下游河道洪峰流量值最小，即使式（4-133）最小：

$$Q_{P2} + \overline{Q} \tag{4-133}$$

对于多个人工湖设置的情况，应根据人工湖面积（库容），按式（4-133）来布置，并通过调洪演算来验证，根据计算结果适当调整人工湖布局以适应优化要求。

当河道比降较大时，为获得较大的工作深度和有效调蓄库容，可以考虑将人工湖布置在河口附近。

二、运用实例

【例 4-4】　大涌河道长度为 18.65km，流域集水面积为 85km²，河道比降为 J 为 0.013786。在流域中下游地区将建设工业园区，为了确保工业园区的生态建设，工业园区防洪治涝规划拟在园区内设定一人工湖，人工湖的位置初步拟定五个方案，见表 4-6。根据《广东省暴雨参数等值线图》（2003）和《广东省暴雨径流查算图表》，确定暴雨参数和集水区点面换算系数。人工湖面积 139.61×10⁴m²，最低水位为 8.00m，最高水位为 9.30m，人工湖库容为 181.49×10⁴m³。按式（4-123）～式（4-133）的计算结果，见表 4-7。

表 4-6　　　　　　　　　　　人 工 湖 初 步 方 案

方案序号	人工湖位置到河口距离（km）	河段	河段长度（km）	集水面积（km²）	河段比降	θ	m
一	4.0	上游段	14.65	66.77	0.021813	52.43	0.78
		下游段	4.00	18.23	0.001275	36.93	0.72
二	6.0	上游段	12.65	52.37	0.028474	41.43	0.73
		下游段	6.00	32.63	0.001271	55.40	0.79
三	8.0	上游段	10.65	40.87	0.039515	31.27	0.70
		下游段	8.00	44.13	0.001889	64.71	0.80
四	10.0	上游段	8.65	33.23	0.057059	22.47	0.69
		下游段	10.00	51.77	0.00147	87.95	0.81
五	12.0	上游段	6.65	21.55	0.047	18.43	0.68
		下游段	12.00	63.45	0.004042	75.33	0.80

表4-7		各方案洪水计算结果				单位：m³/s
方案	$P=5\%$			$P=2\%$		
	Q_{p1}	Q_{p2}	$Q_{p2}+\overline{Q}$	Q_{p1}	Q_{p2}	$Q_{p2}+\overline{Q}$
一	608.202	171.085	440.257	732.746	206.133	557.985
二	519.705	259.500	444.754	625.264	313.934	563.773
三	471.446	331.745	448.494	565.448	402.158	570.225
四	458.720	316.571	366.911	548.616	386.249	478.156
五	319.816	455.613	455.613	381.954	552.565	552.565

根据计算结果，人工湖设置在距离河口 10km 时，即第四方案，按 20 年一遇降水计算的河道 $Q_p+\overline{Q}$ 最小为 366.911m³/s，按 50 年一遇降水计算的河道 $Q_p+\overline{Q}$ 也最小为 478.156m³/s，从这一指标来看，该方案最合理，即人工湖应设置在距离河口 10km 处，人工湖的位置如图 4-4 所示。

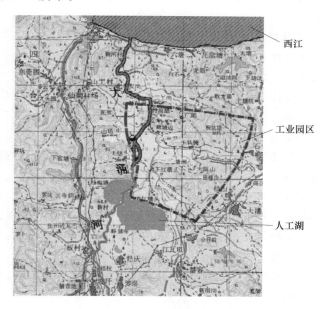

图 4-4 人工湖最优布置示意图

第八节 河流生态的修复技术

一、河流生态恢复的目标、原则和任务

1. 河流生态恢复的目标

河流生态恢复的目标是维护原生态系统的完整性，包括维护生物及生境的多样性，维护原有生态系统的结构和功能。河流生态恢复的目标层次主要有：

（1）完全恢复。生态系统的结构和功能完全恢复到干扰前的状态。这意味着首先要完全恢复原有河流地貌，需要拆除河流上大部分大坝和人工设施，要恢复河道原有的蜿蜒性形态。

（2）修复。生态系统的结构和功能部分恢复到干扰前的状态。不用完全恢复原有河道地貌形态，可以采用辅助修复工程，部分恢复生态系统的结构和功能，维护生态系统重要功能的可持续性。

（3）增强。采用增强措施补偿人类活动对生态的影响，使生态环境质量有一定的改善。增强措施主要是改变具体水域、河道和河漫滩特征，改善栖息条件。但增强措施是主观的产物，缺乏生态学基础，其有效性还需要探讨。

（4）创造。开发原来不存在的新的河流生态系统，形成新的河流地貌和河流生态群落。创设新的栖息地，来代替消失或退化的栖息地。

（5）自然化。对于水利开发形成的新的河流生态系统，通过河流地貌和生物多样性的恢复，使之成为一个具有河流地貌多样性和生物种群多样性的动态稳定的、具有自我调节能力的河流生态系统。

2. 河流生态恢复的原则

（1）河流生态修复与社会经济协调发展原则。

（2）社会经济效益与生态效益相结合的原则。

（3）生态系统自我设计、自我恢复的原则。

（4）生态工程与资源环境管理相结合的原则。

3. 河流生态恢复的任务

河流生态系统恢复的任务有三项：恢复或改善水文、水质条件；恢复或改善河流地貌特征；恢复河流生物物种。

（1）水文、水质条件。水文条件的改善主要包括水文情势的改善、河流水力条件的改善，要适度开发水资源，合理配置水资源，确保河流生态需水要求。提倡水库运用的生态调度准则，即在满足社会经济需求的基础上，尽量按照自然河流丰枯变化的水文模式来调度，以恢复下游的生境和水文规律。

通过控制污水排放、提倡源头清洁生产、加大污染处理力度、推广生物治污技术，实现循环经济以改善河流水质。

（2）河流地貌的恢复。河流地貌恢复的主要内容：河流纵向连续性的恢复、河流横向连通性的恢复；河流纵向蜿蜒性恢复、横向水陆过渡带的恢复；与河流关联的滩地、湿地、湖泊、滞洪区的恢复。

（3）生物物种的恢复。主要恢复与保护河流濒危、珍稀、特有物种。恢复原有物种群的种类和数量。

二、河道形态与水力设计

（一）河道断面形态

根据河流生态特性，河道断面可以概化为一复式断面（见图 4 - 5）：主河槽、河滩地（洪泛区）和过渡带三个部分，主河槽是正常河道，满槽流量约为 $P=66.67\%$，即 1.5 年一遇的洪水流量，此时水位与河滩地齐平，水面宽度为平滩宽度。由于水流的冲刷，主河槽的稳定断面性状为抛物线。平滩水位以上的河滩地是主要行洪断面，根据历史最大洪水或设计洪水来确定其宽度和范围。河滩地与河岸陆地之间有一个过渡区，是各种植物和两栖动物栖息地。人工河堤应布置在河道过渡带以外。

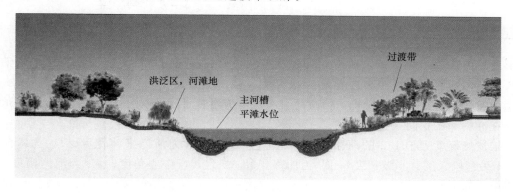

图 4-5　河道断面示意图

1. 主河槽几何尺寸设计

主河道几何设计是以平滩流态来计算，平滩流量为 1.5 年一遇的洪水流量，也可根据实际情况进行调整。平滩宽度 w 与平均水深 h 的确定方法如下。

（1）类比法。选取修复河道的上下游自然河道情况类比分析，所选参照河段的水文、水力和泥沙特性以及河段河床、河岸的材料均要与工程河道相似，而且所选参照河段的主槽界限明确，以便实测。根据参照河段主槽平滩宽度，按照上下游的流量变化关系，修正参照河道的平槽宽度，将修正后的平槽宽度作为工程河段的平槽宽度。

（2）水力几何关系法。自然河道在水力作用下，河段泥沙、坡降、流量与其断面宽度存在一定关系。这种水力几何关系必须参照比较稳定的河段的有关统计资料，通过统计分析建立。根据统计分析，河道平滩宽度与平滩流量的关系为

$$w = aQ^b \qquad\qquad (4-134)$$

式中　Q——平滩流量，m^3/s；

　　a、b——参数，对于沙质河床 $a = 3.31 \sim 4.24$，砾质河床 $a = 2.46 \sim 3.68$，$b = 0.5$。

（3）主河槽宽深比。根据鲁什科夫（1924）提出的计算公式：

$$\frac{\sqrt{w}}{h} = \xi \qquad\qquad (4-135)$$

式中　ξ——河相系数，对于砾石河床取 1.4，一般沙质河床取 2.75，极易冲刷的细沙河床取 5.5。

2. 河道横断面

河道行洪断面主要指河滩以上部分，河道断面是河道行洪所需的最大断面，一般按设计洪水来考虑，有条件最好按历史最大洪水来考虑。自然河道断面没有规则的断面形式，河道断面一般以宽深比来控制，使河道的泥沙输送和淤积状况恢复到自然状态。河道宽深比的选取可参考表 4-8。

根据洪峰流量、河道宽深比，利用水力学经验公式计算，可确定河道实际宽度。

表4-8	河 道 宽 深 比	
河床材料	天然河道	防洪工程
砾石	17.6	5.6
砂	22.3	4.0
粉砂	6.2	3.4

（二）平面形态

1.蜿蜒性河段

自然河道大多数为弯曲河道，平面形态见图4-6。河道的弯曲特性可用蜿蜒度来描述：河段两端点之间沿河道中心轴线的长度与两断面的直线距离之比称为蜿蜒度。有一定蜿蜒度的河道会降低坡降，减少冲刷。但蜿蜒度过大会产生淤积，抬高河道水位，从而引起河道改道。因此，稳定的河道形态是在冲刷和淤积间找到平衡。

描述蜿蜒度大于1.2的河段平面形态的参数有：W为河道平滩宽度；L_w为河湾跨度；z为弯段长度（半波长度）；R_c为曲率半径；θ为转弯中心角度；A_m为河湾幅度；D为相应于梯形断面的河道深度；D_m为平均深度；$D_{\max}$弯段深槽的深度；W_i为拐点断面的河段的宽度；W_p为最大冲坑断面的河段的宽度；W_a为弯曲顶点断面的河段的宽度。

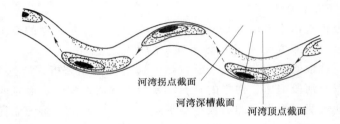

河湾拐点截面

河湾深槽截面

河湾顶点截面

图4-6　河段平面形态示意图

河道平面形态参数的经验公式：

$$L_m = (11.26 \sim 12.47)W \tag{4-136}$$

$$\frac{W_a}{W_i} = 1.05 + 0.3T_b + 0.44T_c \pm u_1 \tag{4-137}$$

$$\frac{W_p}{W_i} = 0.95 + 0.2T_b + 0.14T_c \pm u_2 \tag{4-138}$$

$$\frac{R_c}{W} = 1.5 \sim 4.5 \tag{4-139}$$

$$\frac{z_{a-p}}{z_{a-i}} = 0.36 \pm u_3 \tag{4-140}$$

$$\frac{D_{\max}}{D_m} = 1.5 + 4.5\left(\frac{R_c}{W_i}\right)^{-1} \tag{4-141}$$

式中　z_{a-p}、z_{a-i}——弯段顶点到最大冲刷深槽的河段长度和弯段顶点到拐点的河段长度。

$u_1 = 0.04 \sim 0.07$；$u_2 = 0.10 \sim 0.17$；$u_3 = 0.07 \sim 0.11$。W_i接近W值。粉砂河床，$T_b = 0$，$T_c = 0$；砂砾石河床，$T_b = 1.0$，$T_c = 0$；砾石河床，$T_b = 1.0$，$T_c = 1.0$。

此外，河道转弯的圆心角和河湾幅度与河道走势、弯道形式有关。一般$R_c = (3.0 \sim$

4.5）W，当 $2R_c > L_m/2$ 时，有

$$R_c \sin \frac{\theta}{2} = \frac{L_m}{4} \qquad (4-142)$$

当 $2R_c < L_m/2$ 时，圆心角取决于河道走势，由拐点与河道连接方向来确定圆心角。

2. 顺直河段

顺直河段是指蜿蜒度小于 1.2 的河段。顺直河段的平面形态是深槽—浅滩的交替分布，深槽（浅滩）的间距为 5～7 倍的河段宽度。Higginson 和 Johnston（1989）提出的回归公式为

$$L_r = \frac{13.601 w^{0.2894} d_{r50}^{0.29}}{S^{0.2035} d_{p50}^{0.1367}} \qquad (4-143)$$

式中　L_r——两相邻浅滩之间的河道长度，m；

　　　d——河床材料的粒径，mm，下标 r、p 分别表示浅滩和深槽的材料；

　　　w——河道平均宽度，m；

　　　S——河段的平均坡降。

三、植被岸坡的稳定分析

（一）抗侵蚀稳定分析

生态河流形态需要建立河道的自然稳定关系，通过调节水沙关系来维持河道的稳定。河流泥沙是通过水力侵蚀将地表泥沙带入河道，同时水流也会冲刷河岸，造成河岸侵蚀，这也是泥沙进入河道的一种方式。地表侵蚀问题可以通过增加植被来改善，河岸侵蚀问题取决于河道的形态和河岸特性。

河道抗侵蚀分析为河岸治理提供直接的依据，是河流生态恢复的重要技术。河道侵蚀分析方法有：起动流速和临界剪应力法。这两种方法采用容许流速和容许剪应力两个指标来验算河道的侵蚀情况。部分河岸砌筑材料的容许流速和容许剪应力指标见表 4-9。

表 4-9　　　　　　一些砌筑材料的容许流速和容许剪应力指标表

边界材料	容许剪应力（N/m²）	容许流速（m/s）	备　注
胶质细砂	0.9570～1.4355	0.4572	
砂壤土（无胶质）	1.4355～1.9140	0.5334	
冲积粉砂（无胶质）	2.1532～2.3925	0.6096	
粉土（无胶质）	2.1532～2.3925	0.5334～0.6858	
壤土	3.5887	0.762	
细砂砾土	3.5887	0.762	
黏土	12.4408	0.9144～1.3716	
冲积粉砂土（胶质）	12.4408	1.143	
含漂石级配壤土	18.1827	1.143	
含漂石级配粉砂	20.5752	1.2192	

续表

边界材料	容许剪应力 （N/m²）	容许流速 （m/s）	备　注
页岩和硬土层	32.059	1.8288	
砾石/漂石 2.5cm	15.7903	0.762～1.524	
砾石/漂石 5.0cm	32.059	0.9144～1.8288	
砾石/漂石 15cm	95.6986	1.2192～2.286	
砾石/漂石 30cm	191.3972	1.6764～3.6576	
A 级草皮	177.0424	1.8288～2.4384	
B 级草皮	100.4835	1.0668	
C 级草皮	47.8493	1.0668	
长的本土草类	57.4192～81.3439	1.2192～1.8288	
短的本土丛生禾草	33.4945～45.4568	0.9144～1.2192	
芦苇	4.7849～28.7096		
阔叶树	19.6182～119.6233		
临时可降解的侵蚀防护材料（黄麻网）	21.5319	0.3048～0.762	
临时可降解的侵蚀防护材料（稻草网垫）	71.7740～78.9514	0.3048～0.9144	
临时可降解的侵蚀防护材料（椰子纤维网垫）	107.6609	0.9144～1.2192	
临时可降解的侵蚀防护材料（玻璃纤维粗纱）	95.6986	0.762～2.1336	
不可降解的侵蚀防护材料（无植被）	143.5479	1.524～2.1336	
不可降解的侵蚀防护材料（部分植被）	191.3972～287.0958	2.286～4.572	
不可降解的侵蚀防护材料（全植被）	382.7944	2.4384～6.4008	
抛石（15cm d_{50}）	119.6233	1.524～3.048	
抛石（22.5cm d_{50}）	181.8273	2.1336～3.3528	
抛石（30cm d_{50}）	244.0314	3.048～3.9624	
抛石（45cm d_{50}）	363.6547	3.6576～4.8768	
抛石（60cm d_{50}）	483.278	4.2672～5.464	
土体加固生态技术（枝条）	9.5699～47.8493	0.9144	
土体加固生态技术（芦苇捆绑护岸）	28.7096～59.8116	1.524	
土体加固生态技术（椰子卷护岸）	143.5479～239.2465	2.4384	
土体加固生态技术（覆盖椰子壳纤维席）	191.3972～382.7944	2.8956	
土体加固生态技术（活灌木丛沉床，初期）	19.1397～196.1821	1.2192	
土体加固生态技术（活灌木丛沉床，成熟期）	186.6123～392.3643	3.6576	
土体加固生态技术（灌木丛压条，初期/成熟期）	19.1397～299.0581	3.6576	
土体加固生态技术（活柴笼）	59.8116～148.3328	1.8288～2.4384	
土体加固生态技术（活柳木树桩）	100.4835～148.3328	0.9144～3.048	
石笼	478.493	4.2672～5.7912	
混凝土	598.1163	＞5.4864	

侵蚀分析方法和步骤如下。

1. 平均水力条件分析

根据河道断面几何参数（断面形状、过流面积、湿周、糙率、比降）、水文参数（洪水流量及其变化过程，控制断面的水位），利用水力学计算方法，计算水面线及其断面水力学参数（流速等）。断面平均流速由水力学直接计算，平均剪应力由下式计算：

$$\tau_0 = \gamma R S_f \tag{4-144}$$

式中　τ_0——单位长度河段湿周上的平均剪应力；

　　　γ——水容重；

　　　R——断面水力半径；

　　　S_f——河床平均坡降。

2. 局部或瞬时水力最大值

河道局部和瞬时水力最大值的计算比较复杂，河道形态千变万化，流态分析困难较大，只能根据经验对水力平均值进行调整，以此估算水力最大值。根据 Chang（1988）提出的简化方法，可按下列公式计算。

顺直河道，局部最大剪应力计算公式为

$$\tau_{max} = 1.5\tau_0 \tag{4-145}$$

蜿蜒河道，局部最大剪应力计算公式为

$$\tau_{max} = 2.65\tau_0 \left(\frac{R_c}{W_a}\right)^{-0.5} \tag{4-146}$$

式中　W_a——弯曲顶点断面的河段的宽度；

　　　R_c——曲率半径。

在湍流时的瞬时最大值，还应在以上局部水力最大剪应力上加大 $10\% \sim 20\%$。因此，上述公式的计算结果应乘以 $1.10 \sim 1.20$，即

顺直河道，局部瞬时最大剪应力计算公式为

$$\tau_{max} = (1.65 \sim 1.8)\tau_0 \tag{4-147}$$

蜿蜒河道，局部瞬时最大剪应力计算公式为

$$\tau_{max} = (2.915 \sim 3.18)\tau_0 \left(\frac{R_c}{W_a}\right)^{-0.5} \tag{4-148}$$

流速的局部瞬时最大值可按照水力学的方法分析，还要考虑弯道环流流速的影响。

3. 稳定条件判断

将计算的河道局部瞬时最大剪应力或流速与表 4-9 或其他资料提供的数据进行比较分析，判断当前河道的抗侵蚀稳定性。如不满足稳定要求，需要重新布置河道形态和护岸方式，直至满足稳定要求为止。

（二）植被岸坡的抗滑稳定

植被对岸坡的影响有两个方面：水文效应和土力学效应。植物的枝叶对雨水的阻挡、植物根系固土作用，可以减小雨水对地面泥土的侵蚀作用。植物对水分的吸收和蒸腾作用，可以调节土体水分，降低土体孔隙水压力，从而提高土体抗剪强度。

由于木本植物的根系发达，主根锚固较深，形成结网状，具有很强的锚固作用，对于

抵抗浅层滑动非常有效。水杉适宜在河岸生长，其主根非常长，可以扎入深层土，对于抵御岸坡深层滑动也十分有效。

植物根系可以提高土体抗剪强度，一般用下式来表达：

$$\tau = c' + \Delta s + (\sigma - u)\tan\varphi' \tag{4-149}$$

$$\Delta s = T_R(\sin\theta + \cos\theta\tan\varphi') \tag{4-150}$$

式中　　τ——土体的抗剪强度；

c'——土体有效黏聚力；

σ——土体滑动面上的法向应力；

u——土体孔隙水压力；

φ'——土体有效内摩擦角；

Δs——植物根系额外提供的抗剪强度增量；

T_R——根系的总抗拉强度；

θ——根系轴线与滑动面法线夹角。

第九节　人工湿地技术

一、人工湿地基本概念

1. 净化原理

人工湿地是人工建造和调控的湿地系统，一般由人工基质和人工种植的水生植物组成，通过人为调控形成基质—植物—微生物生态系统。人工湿地系统对污水中污染物、有机废弃物具有吸收、转化和分解的作用，从而净化水质。

人工湿地的基质为水生植物提供载体和营养物质，也为微生物的生长提供稳定的附着表面；湿地植物可以直接吸收营养物质、富集污染物，其根区还为微生物的生长、繁衍和分解污染物提供氧气，植物根系也起到湿地水力传输的作用。微生物主要分解污染物，同时也为湿地植物生长提供养分。

人工湿地形成的基质—植物—微生物生态系统是一个开放、发展和可以自我设计的生态系统，构成多级食物链，形成了内部良好的物质循环和能量传递机制。人工湿地具有投资低、运行维护简便、可以改善水质和美化环境的优点，具有良好的经济效益和生态效益，其应用前景广泛。

2. 人工湿地的类型

按照水流形态划分有三种类型：表面流人工湿地、潜流人工湿地和复合流人工湿地。

（1）表面流人工湿地。表面流人工湿地是表面流形态，在人工湿地的表面形成一层地表水，水流从人工湿地的起端断面向终端断面推进，并完成整个净化过程。这类人工湿地没有淤堵问题，水力负荷能力较大。

（2）潜流人工湿地。水流在人工湿地以潜流方式推进，人工湿地河床的充填介质主要是砾石，废水沿介质下部潜流，水平渗滤推进，从出口端埋设的多孔集水管流出。这种人工湿地对废水处理效果好，卫生条件好，但投资略高，水力负荷能力较低。

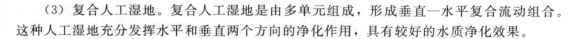

（3）复合人工湿地。复合人工湿地是由多单元组成，形成垂直—水平复合流动组合。这种人工湿地充分发挥水平和垂直两个方向的净化作用，具有较好的水质净化效果。

二、人工湿地设计

（一）场地选择

人工湿地场地选择应因地制宜，主要考虑地形地势，与河流、湖泊的关系和洪水的破坏影响，尽量选择有一定坡度的洼地或经济价值不高的荒地。人工湿地场地选择主要考虑因素如下。

（1）场地范围、面积是否满足要求。

（2）地面坡度小于 2%，土层厚度大于 0.3m。

（3）土壤渗透系数不大于 0.12m/d。

（4）水文气象条件以及受洪水影响情况。

（5）投资费用。

（二）进水水质要求

（1）进入人工湿地的污水应符合《污水排入城镇下水道水质标准》（CJ 3082—2010）和《污水综合排放标准》（GB 8978—1996）中规定的排入城市下水道并进入二级污水处理厂进行生物处理的污水水质标准。

（2）进入有农作物的人工湿地的污水的水质应满足《农田灌溉水质标准》（GB 5082—2005）的要求。

（3）人工湿地主要具有对污水的生化处理功能，要求污水中生物可降解的有机物浓度应占一定的比例：$BOD_5/COD > 0.5$，$TOC/BOD_5 < 0.8$。

（三）预处理设施

为避免泥沙和不利于人工湿地处理的物质造成的淤积和堵塞，必须设置预处理设施。常用的预处理设施有：格栅、沉沙池、化粪池、氧化池、除油池、水解池等。

（四）进水方式

（1）推进式。水流单向推进，污水从进口顺着推进方向流动，穿越人工湿地，直接从出口流出。这种方式简单，水头损失小。

（2）阶梯进水式。污水单向推进，但污水进水口在前半段沿程均匀分布，减小人工湿地前半段的集中负荷，避免前半段的淤塞。

（3）汇流式。在推进式基础上，增加汇流通道，使处理后的部分污水汇流道进口，重新进入湿地，这样可增加湿地水体的溶解氧，延长水力停留时间，促进水体的净化。

（4）综合式。将阶梯推进式与回流式结合起来，即采用分布进水减少湿地前段压力，又使净化后的污水回流，提高湿地水体净化效果。

（五）基本设计参数的确定

1. 表流人工湿地

人工湿地的污水处理目标是降低污染物的浓度，污染物的浓度降低的幅度反映人工湿

地污水处理效能。一般按 BOD_5 的浓度变化来衡量表流人工湿地的净化效能，计算公式为

$$C_e = (C_0 + A) e^{-0.7 K_T A_v^{1.75} t} \tag{4-151}$$

$$K_T = K_{20} \times (1.05 \sim 1.10)^{(T-20)} \tag{4-152}$$

式中　C_e——出水 BOD_5 的浓度，mg/L；

　　　C_0——进水 BOD_5 的浓度，mg/L；

　　　A——以污泥形式沉积在湿地床前的 BOD_5 的浓度，一般取 $0.52 mg/L$；

　　　K_T——在设计温度下的反应速率常数，$1/d$；

　　　T——设计温度，℃；

　　　K_{20}——在 20℃ 温度下的反应速率常数，$1/d$，有研究报告建议取 $0.39 \sim 2.891/d$，也有的建议取 $0.451/d$；

　　　A_v——比表面积，一般取 $15.7 m^2/m^3$；

　　　t——水力停留时间，h，当进水流量影响湿地水位时，按水力学方法计算；当进水流量小，对湿地水位影响小时，可按下式计算。

$$t = \frac{湿地长度 \times 湿地宽度 \times 湿地深度}{流量} \tag{4-153}$$

由式（4-153）可见，湿地的三维空间尺寸对湿地净化效能影响很大，一般湿地水深为 $0.1 \sim 0.6 m$，湿地长度要不小于宽度的 3 倍。

按照污水水质的净化目标和计算公式（4-151）～式（4-153）来确定表流湿地的规模。

2. 潜流人工湿地

潜流人工湿地的净化效能，计算公式为

$$C_e = C_0 e^{-K_T n t} \tag{4-154}$$

$$K_T = K_{20} \times (1.05 \sim 1.10)^{(T-20)} \tag{4-155}$$

$$t = \frac{A_s d}{Q} \tag{4-156}$$

式中　A_s——湿地床面积，m^2；

　　　Q——污水流量，m^3/d；

　　　d——湿地床深，m；

　　　n——孔隙率；

　　　K_{20}——在 20℃ 温度下的反应速率常数，$1/d$，见表 4-10。

表 4-10　　　　　　　　潜流人工湿地基质特性与动力学系数 K_{20}

基质类型	粒　径 （mm）	孔隙率	水力传输系数 $[m^3/(m^2 \cdot d)]$	K_{20}
中粗砂砾	1	0.35	420	1.84
粗砂砾	2	0.39	480	1.35
碎石	3	0.42	500	0.86

按照污水水质的净化目标和计算公式（4-154）～式（4-156）来确定潜流湿地的

规模。

3. 复合流人工湿地

复合流人工湿地的设计参数是复合流人工湿地面积，按水力负荷、降解的 BOD_5 和植物输氧能力三个公式分别计算，取最大者。

（1）水力负荷。

$$A_s = \frac{Q}{a} \times 1000 \qquad (4-157)$$

式中　A_s——复合湿地面积，m^2；

　　　Q——污水流量，m^3/d；

　　　a——水力负荷，一般取 $80\sim620mm/d$。

（2）降解的 BOD_5。

$$A_s = 5.2Q(\ln C_0 - \ln C_e) \qquad (4-158)$$

（3）植物输氧能力。

$$R_0 = 1.5L_0 \qquad (4-159)$$

$$R_0' = \frac{T_0 A_s}{1000} \qquad (4-160)$$

$$R_0 = R_0' \qquad (4-161)$$

式中　R_0——处理污水需氧量，kg/d；

　　　L_0——每天需去除的 BOD_5 量，kg/d；

　　　R_0'——水生植物的供氧能力，kg/d；

　　　T_0——植物的输氧能力，一般为 $5\sim45g/(m^2 \cdot d)$，计算时取 $20g/(m^2 \cdot d)$。

设计时单池的长宽比为 $2:1$。

（六）湿地床

湿地床剖面如图 4-7 所示。湿地床一般由表土层、中间砾石层、底部衬托层和防渗层组成。表土层为就地采用的表层土，但要避免使用受到人为污染的当地表层土，表层土铺满整个湿地床面，厚度为 $0.15\sim0.25m$。中间砾石层是湿地床的主体，也称为填料层，填料以砂、砾石和碎石为主，厚度一般为 $0.3\sim0.7m$。近年来，有许多新型填料，如石英

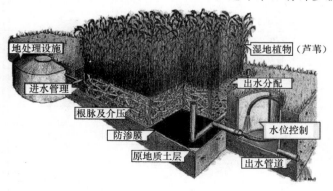

图 4-7　湿地床剖面示意图

砂、煤灰渣、高炉渣、水沸石和陶粒等，具有多孔性的陶粒可以为微生物提供较高的比表面积，增加微生物的活性，提高污染物的净化能力。水沸石具有特殊结构，可快速吸附氨离子。氨离子吸附饱和后，水沸石通过缓释和微生物的作用，恢复其吸附容量。人工湿地的选择应满足以下的要求：

（1）有良好的吸附能力。有利于生物膜的生长和对污水中有机物的吸附。

（2）有良好的交换性能。以利对含磷和重金属的污水处理。

图 4-8 人工湿地防渗层的施工情况

（3）有良好的结构，不易发生堵塞。

（4）经济适用，就地取材。

底部衬托层为砂垫层，为填料的衬底同时又是防渗层的保护层，一般厚度为 0.10～0.15m。设置防渗层是为了防止污水对地下水源的污染，常采用黏土、膨润土夯实，上面铺设土工膜作为防渗材料，其上再铺设一定厚度保护层，一般为水泥土，如图 4-8 所示。

（七）植物选择

人工湿地种植植物的选择方面，要考虑污水性质、当地气候、地理等因素，还要考虑植物的生长特性、耐污能力、污染物去除速度、景观和经济等方面的要求，将不同生活习性（挺水、漂浮、沉水、浮叶）的植物合理搭配，实现植物群落多样性，保证湿地功能长久发挥。

常选用的植物有浮萍、水蕴草、满江红、灯心草、菖蒲、菱角、芦苇、凤眼莲、美人蕉、菰尾藻、莲、水芹菜、水芙蓉、空心菜等，其特性见表 4-11。

表 4-11　　　　　　　　　　　　人工湿地常用的植物特性表

植物名称	含水率（%）	氮/磷含量（%）	增长速度[g/(m²·d)]	生长温度（℃）	适应 pH 值	氮去除速度[g/(m²·d)]	磷去除速度[g/(m²·d)]
浮萍	96	6.5/0.6	0.38	28～32	7.5～9.0	0.0088	0.003
水蕴草	95	3.11/0.46	3.1	18～28	6.5～7.5	0.34	0.182
满江红	95	4.25/		13～35		0.18	0.055
灯心草	95	1.5/0.2	14.5		5～8	0.37	0.056
菖蒲		1.7/0.28	24.0		5～7	0.4	0.056
菱角	95	1.47/0.3	10.5		6～10	0.63	0.056
芦苇	39	2/0.29	32.0		3.7～8	0.28	0.028
凤眼莲	95	3.3/0.67	26.5	18～32	>4	0.95	0.17
美人蕉						0.4	0.14
狐尾藻		4.8/2	13.0		6～9	0.62	0.26
莲		2/0.3				0.36	0.08
水芹菜	89	2.8/0.68				0.054	0.0039
水芙蓉		2.6/0.68	>16.4	15		0.89	0.15
空心菜	92	2.7/0.38	11.0	25～35		0.51	0.062

（八）布水与集水系统

1. 布水系统

人工湿地布水（污水进水）系统需要保证配水均匀，一般采用多孔管或三角堰等配水装置，安装高度一般高于湿地床面 0.5m 左右，要防止表面淤泥和杂草的积累而影响配水。配水装备尺寸和布局，按照污水排放量来确定。

2. 集水系统

集水（出水）系统的任务是保证出水均匀流动，同时要控制湿地床内的水位，保证湿地床正常运行所需的水量。表面流人工湿地利用排水管或明渠出水，出水设施布置在湿地末端，按排放量确定有关尺寸。潜流或复合人工湿地分为暗管和明渠两种，暗管为布置在湿地床底部的穿孔管，末端用水管导向地表见图 4 - 9；明渠布置在湿地床末端，按排放量确定有关尺寸。

图 4 - 9　潜流人工湿地集水系统

第十节　人工湿地计算理论

一、多孔扩散器水力计算

人工湿地的进水系统和潜流人工湿地集水系统多采用多孔扩散器。多孔扩散器水力计算问题在环境水力学中已有研究，但现有的文献还未完全、合理地解决该问题。有关多孔扩散器水力计算方法成果主要在文献［3］，［4］中，其计算方法是将多孔扩散器的流量分布概化为线性分布，以此为基础进行计算。由于以上文献未考虑多孔扩散器外面的水压力、多孔扩散器孔径及其分布，因此不能合理地确定多孔扩散器的实际流量及其分布。多孔扩散器水力特性研究是非常重要的，按照现有成果，即假设流量分布为均匀分布、直线变化分布或分段均匀分布的基础上，推导流速、流量和水头损失的计算公式是不准确的，也不能满足实际设计的需要。

水流穿过小孔时会产生局部水头损失，小孔流量大小取决于多孔扩散器内外水压力差以及小孔的局部水头损失。根据《水力学计算手册》（武汉水利水电学院水力学教研室，水利出版社，1980）孔板局部水头损失系数见表 4-12。

表 4-12　　　　　　　　　　孔板局部水头损失系数表

d/D	0.3	0.4	0.45	0.5	0.55	0.6	0.65	0.7	0.75	0.8
ξ	309	87	50.4	29.8	18.4	11.3	7.35	4.37	2.66	1.55

注　表中 d 为小孔直径；D 为管径。对于非圆形断面，可用面积比平方根 $d/D=\sqrt{\alpha}$ 来代替。

局部水头损失计算公式为

$$h_j = \xi \frac{8}{g\pi^2 D^4} q^2 \tag{4-162}$$

式中　q——小孔流量。

如果小孔制成标准喷嘴，则其局部水头损失系数见表 4-13。

表 4-13　　　　　　　　　　喷嘴水头损失系数表

d/D	0.3	0.4	0.45	0.5	0.55	0.6	0.65	0.7	0.75	0.8
ξ	108.8	29.8	16.9	9.9	5.9	3.5	2.1	1.2	0.76	—

局部水头损失计算公式仍然是式（4-163）。

本节结合文献 [4] 的内容，利用板孔和喷嘴局部水头损失计算式来探讨多孔扩散器的水力计算问题。

（一）基本方程

1. 离散型方程

多孔扩散器小孔编号从多孔扩散器进口开始分别为：1、2、3、…、$n-1$。设多孔扩散器内水头为 H_i，多孔扩散器外水头 H_{0i}，则进口管内水头为 H_1，管外水头为 H_{01}，多孔扩散器长度为 L，管内流量为 Q_i，小孔流量为 q_i，$q_n=Q_n$。则多孔扩散器内任一点的流量和水头为

$$Q_i = Q_1 - \sum_{l=1}^{i-1} q_l = \sum_{l=i}^{n-1} q_l + Q_n \tag{4-163}$$

$$H_i = H_1 - \sum_{l=1}^{i-1} h_l - \frac{8}{g\pi^2 D^4} Q_i^2 \tag{4-164}$$

$$h_l = \frac{L_l}{A^2 C^2 R} Q_l^2 \tag{4-165}$$

$$A = \frac{\pi D^2}{4} \tag{4-166}$$

$$C = \frac{1}{n} R^{\frac{1}{6}} \tag{4-167}$$

$$R = \frac{D}{4} \tag{4-168}$$

式中　h_l——各段管沿程水头损失；

　　　Q_n——末端流量；

　　D——多孔扩散器管径；

　　L_l——管段长度；

　　n——多孔扩散器的糙率。

根据能量关系，小孔水流满足下列方程

$$H_i - H_{0i} = h_j \tag{4-169}$$

将式（4-169）代入式（4-162）得

$$H_i - H_{0i} = \xi \frac{8}{g\pi^2 D^4} q_i^2 \tag{4-170}$$

将式（4-163）～式（7-165）代入式（4-170）

$$H_1 - H_{0i} - \sum_{l=1}^{i} \frac{L_l}{A^2 C^2 R} \left(\sum_{k=l-1}^{n-1} q_k + Q_n \right)^2 - \frac{8}{g\pi^2 D^4} \left(\sum_{l=i-1}^{n-1} q_l + Q_n \right)^2 = \xi \frac{8}{g\pi^2 D^4} q_i^2 \tag{4-171}$$

式（4-171）是多孔扩散器水力计算的基本方程组。

此外，边界条件为

$$Q_{(0)} = \sum_{i=1}^{n-1} q_i + Q_n \tag{4-172}$$

$$H_1 - H_{0i} - \sum_{l=1}^{i} \frac{L_l}{A^2 C^2 R} \left(\sum_{k=l-1}^{n-1} q_k + Q_n \right)^2 - \frac{8}{g\pi^2 D^4} \left(\sum_{l=i-1}^{n-1} q_l \right)^2 = \xi_n \frac{8}{g\pi^2 D^4} Q_n^2 {_{(x)}} \tag{4-173}$$

式中　ξ_n——末端孔口局部水头损失系数。

2. 连续型方程

以上方程可以写成连续变化形式。以多孔扩散器管轴为横坐标 x，原点设在多孔扩散器进口处 $x=0$。设多孔扩散器内水头为 $H_{(x)}$，多孔扩散器外水头 $H_{0(x)}$，则进口管内水头为 $H_{(0)}$，管外水头为 $H_{0(0)}$，多孔扩散器长度为 L，管内流量为 $Q_{(x)}$，小孔流量为 $q_{(x)}$。式（4-163）可写成

$$Q_{(x)} = Q_{(0)} - \int_0^x q_{(s)} \mathrm{d}s = \int_x^L q_{(s)} \mathrm{d}s + Q_n \tag{4-174}$$

式（4-164）可写成

$$H_{(x)} = H_{(0)} - \int_0^L \frac{1}{A^2 C^2 R} Q^2 {_{(s)}} \mathrm{d}s - \frac{8}{g\pi^2 D^4} Q^2 {_{(x)}} \tag{4-175}$$

将式（4-174）代入式（4-175）后，再代入式（4-170）

$$H_{(0)} - H_{0(x)} - \int_0^x \frac{1}{A^2 C^2 R} \left(Q_n + \int_x^L q_{(s)} \mathrm{d}s \right)^2 \mathrm{d}s - \frac{8}{g\pi^2 D^4} \left(Q_n + \int_n^L q_{(s)} \mathrm{d}s \right)^2$$

$$= \xi \frac{8}{g\pi^2 D^4} q^2 {_{(x)}} \tag{4-176}$$

式（4-177）是连续型多孔扩散器基本方程，边界条件为

$$Q_{(0)} = \int_0^L q_{(x)} \mathrm{d}x + Q_n \tag{4-177}$$

$$H_{(0)}-H_0(L)-\int_0^0 \frac{1}{A^2C^2R}\left(Q_n-\int_0^L q(s)\mathrm{d}s\right)^2\mathrm{d}s-\frac{8}{g\pi^2D^4}\left(\int_0^L q(s)\mathrm{d}s\right)^2$$

$$=\xi_n\frac{8}{g\pi^2D^4}(Q_n)^2 \tag{4-178}$$

(二) 方程的解法

1. 离散型方程

离散型方程变量较多，为简单起见可采用段法求解。例如将多孔扩散器分为三段，$n=4$，则基本方程为

$$H_1-H_{01}-\left(\frac{L_1}{A^2C^2R}+\frac{8}{g\pi^2D^4}\right)(q_2+q_3+Q_n)^2=\xi\frac{8}{g\pi^2D^4}q_1^2 \tag{4-179}$$

$$H_1-H_{02}-\frac{L_1}{A^2C^2R}(q_2+q_3+Q_n)^2-\left(\frac{L_2}{A^2C^2R}+\frac{8}{g\pi^2D^4}\right)(q_3+Q_n)^2=\xi\frac{8}{g\pi^2D^4}q_2^2$$

$$\tag{4-180}$$

$$H_1-H_{03}-\frac{L_1}{A^2C^2R}(q_2+q_3+Q_n)^2-\frac{L_2}{A^2C^2R}(q_3+Q_n)^2-\left(\frac{L_3}{A^2C^2R}+\frac{8}{g\pi^2D^4}\right)Q_n^2$$

$$=\xi\frac{8}{g\pi^2D^4}q_3^2 \tag{4-181}$$

$$H_1-H_{03}-\frac{L_1}{A^2C^2R}(q_2+q_3+Q_n)^2-\frac{L_2}{A^2C^2R}(q_3+Q_n)^2=\xi_n\frac{8}{g\pi^2D^4}Q_n^2 \tag{4-182}$$

式（4-179）～式（4-182）为三段式基本方程组，有四个未知量：q_1、q_2、q_3、Q_n分别是第一、二、三段的孔流总流量和管末端流量。方程组可采用一般非线性代数方程求解方法求解。

2. 连续型方程

连续型方程式（4-176）的求解可采用级数方法求解，设 $q(x)=a_0+a_1x+a_2x^2+\cdots$，代入方程式（4-176）

$$H_{(0)}-H_0(x)-\int_0^x\frac{1}{A^2C^2R}\left(Q_n+\int_s^L\sum_{i=0}^m a_is^i\mathrm{d}s\right)^2\mathrm{d}s-\frac{8}{g\pi^2D^4}\left(Q_n+\int_n^L\sum_{i=0}^m a_is^i\mathrm{d}s\right)^2$$

$$=\xi\frac{8}{g\pi^2D^4}\left(\sum_{i=0}^m a_ix^i\right)^2 \tag{4-183}$$

边界条件为

$$H_{(0)}-H_0(L)-\int_0^L\frac{1}{A^2C^2R}\left(Q_n+\int_s^L\sum_{i=0}^m a_is^i\mathrm{d}s\right)^2\mathrm{d}s=\xi_n\frac{8}{g\pi^2D^4}Q_n^2 \tag{4-184}$$

为了确定 a_i（$i=1$、2、3、$\cdots$、m），需要在 $0\leqslant x\leqslant L$ 内选定 $m-1$ 个点，代入式（4-183）和式（4-184）组成 m 个方程，联立求解，确定 a_i。

(三) 算例

【**例4-5**】　假设多孔扩散器（管）布孔长度为5m，直径为0.3m，孔径0.1m，布孔密度24个/m，末端孔口直径为0.2m。多孔扩散器（管）水平置放在1.0m水深处，多孔扩散器（管）进口作用水头为1.05m，糙率 n 为0.014。

采用连续型方程求解该多孔扩散器（管）的流量及其分布。首先确定孔口局部水头损失系数。由 $d/D=0.3333$ 查表 4-12 得单孔局部水头损失系数为 235，由于按分布流量计算，单位长度有 24 孔，所以

$$\xi=\frac{235}{24^2}=0.408$$

由 $d_n/D=0.6666$ 查表 4-12 得管末端孔口局部水头损失系数 $\xi_n=6.36$。

设 $q(x)=a_0+a_1x$，代入式（4-183）可得

$$0.05-0.54508\int_0^x\left[Q_n+a_0(5-s)+\frac{a_1}{2}(25-s^2)\right]^2ds-5.51178\left[Q_n+a_0(5-x)\right.$$
$$\left.+\frac{a_1}{2}(25-x^2)\right]^2=2.2488(a_0+a_1x)^2$$

将 $x=0$，$x=5$，代入上式得

$$0.05-140.043a_0^2-688.973a_0a_1-861.216a_1^2-55.1178a_0Q_n-137.795a_1Q_n-5.51178Q_n^2=0$$

$$0.05-24.9605a_0^2-164.436a_0a_1-283.337a_1^2-13.627a_0Q_n-45.4233a_1Q_n-8.237188Q_n^2=0$$

$$0.05-0.54508\int_0^5\left[Q_n+a_0(5-s)+\frac{a_1}{2}(25-s^2)\right]^2ds=35.0549Q_n^2$$

$$0.05-22.7117a_0^2-141.948a_0a_1-227.117a_1^2-13.627a_0Q_n-45.4233a_1Q_n-37.7803Q_n^2=0$$

解得：$a_0=0.0017977$，$a_1=0.0112553$，$Q_n=0.0160225$

多孔扩散器沿管流量分布为

$$q=0.0017977+0.0112553x$$

总流量为

$$Q=\int_0^5(0.0017977+0.0112553x)dx+0.0160225=0.1657\ （m^3/s）$$

以上计算方法能够有效解决多孔扩散器（管）的设计计算问题，比较精确地给出多孔扩散器（管）流量分布和总流量计算方法。相对于现有计算方法，可以从以下两个方面进行改进：①按流量的实际分布进行计算；②考虑板孔出流的局部水头损失。以上提供的基本方程及其求解方法，对多孔扩散器（管）的水力学理论分析和实际计算都有现实意义。

二、人工湿地水质计算

人工湿地是人工建造和调控的湿地系统，一般由人工基质和人工种植的水生植物组成，通过人为调控形成基质—植物—微生物生态系统。人工湿地系统对污水中污染物、有机废弃物具有吸收、转化和分解的作用，从而净化水质。人工湿地的基质为水生植物提供载体和营养物质，也为微生物的生长提供稳定的附着表面；湿地植物可以直接吸收营养物质、富集污染物，其根区还为微生物的生长、繁衍和分解污染物提供氧气，植物根系也起到湿地水力传输的作用。微生物主要分解污染物，同时也为湿地植物生长提供养分。

人工湿地形成的基质—植物—微生物生态系统是一个开放、发展和可以自我设计的生态系统，构成多级食物链，形成了内部良好的物质循环和能量传递机制。人工湿地具有投资低、运行维护简便、改善水质和美化环境的优点，具有良好的经济效益和生态效益，其

应用前景广阔。

人工生态系统的分析是人工湿地设计的基础，分析的主要任务是人工湿地 BOD_5 的去除效率分析和人工湿地水体复氧能力分析。目前，人工湿地设计主要按经验估算 BOD_5 的去除效能，但忽略 BOD_5 的扩散、迁移和弥散特性，而直接应用 Monod 模型探讨人工湿地的 BOD_5 的去除效率分析，计算精度受到影响。Monod 模型基本方程为

$$\mu = \frac{\mu_m s}{K_s + s} \tag{4-185}$$

式中　μ——微生物的增长速率，$1/d$；

μ_m——微生物的最大增长速率，$1/d$；

s——基质浓度，mg/L；

K_s——半速常数，$\mu = \mu_m/2$ 时的基质浓度，mg/L。

根据微生物与其消耗基质之间的关系，可以得到基质的降解速度方程

$$\frac{ds}{dt} = -\frac{X}{y_0} \frac{\mu_m s}{K_s + s} \tag{4-186}$$

式中　X——微生物浓度，mg/L；

y_0——产量常数。

其中基质浓度 s 还受污水扩散、弥散和运移的影响。因此，仅仅按照式（4-186）来分析基质的浓度变化是不够的，还要考虑基质在人工湿地扩散、弥散和运移的变化。

微生物分解基质会消耗水中的溶解氧，如果水中溶解氧得不到足够的补充，水体的溶解氧降到零，底部沉积物附近会形成还原状态，从而引起一系列不良后果：有机物质无机化不完全，产生甲烷气体，硝酸盐还原并产生 H_2S 气体，以及底泥中的铁、锰、磷等溶出导致水质恶化。

水体溶解氧来自大气对水体的复氧和水生植物根系提供的氧气，通过水质模型分析可以提供水体溶解氧的变化情况，为人工湿地设计提供依据，采用恰当的措施确保基质分解过程所需的氧气。

（一）基本方程

1. 表面流人工湿地

人工湿地 BOD_5 的去除效率和人工湿地水体复氧能力是由 BOD-DO 耦合水质模型来分析的，由于人工湿地工作床面多为长条形、单向流动，可按一维水质模型来分析。BOD 的源汇项由式（4-186）表示，DO 的源汇项为水生植物的产氧系数。

当 BOD_5 小于 $300mg/L$ 时，BOD 的源汇项式（4-186）可简化为

$$-\frac{X}{y_0} \frac{\mu_m C}{K_s + C} \approx -\frac{X}{y_0} \frac{\mu_m C}{K_s} = -k_1 C \tag{4-187}$$

因此，表面流人工湿地 BOD-DO 耦合水质模型基本方程为

$$\frac{dC}{dt} + u\frac{dC}{dx} = E_x \frac{d^2 C}{dx^2} - k_1 C \tag{4-188}$$

$$\frac{dO}{dt} + u\frac{dO}{dx} = E_x \frac{d^2 O}{dx^2} - k_1 C + k_2 D + P \tag{4-189}$$

$$\frac{\mathrm{d}D}{\mathrm{d}t} + u\frac{\mathrm{d}D}{\mathrm{d}x} = E_x\frac{\mathrm{d}^2O}{\mathrm{d}x^2} + k_1C - k_2D - P \tag{4-190}$$

式中　C——人工湿地有机物浓度，mg/L；

　　　x——人工湿地计算断面至进口的距离，m；

　　　u——人工湿地流速，m/s；

　　　E_x——纵向扩散系数，m^2/s

　　　O——溶解氧浓度，mg/L；

　　　D——氧亏，mg/L；

　　　k_1——耗氧系数，1/s；

　　　k_2——大气复氧系数，1/s；

　　　P——人工湿地种植的水生植物产氧系数，mg/（L·s）。

在稳定状态下，基本方程变为

$$u\frac{\mathrm{d}C}{\mathrm{d}x} = E_x\frac{\mathrm{d}^2C}{\mathrm{d}x^2} - k_1C \tag{4-191}$$

$$u\frac{\mathrm{d}O}{\mathrm{d}x} = E_x\frac{\mathrm{d}^2O}{\mathrm{d}x^2} - k_1C + k_2D + P \tag{4-192}$$

$$u\frac{\mathrm{d}D}{\mathrm{d}x} = E_x\frac{\mathrm{d}^2O}{\mathrm{d}x^2} + k_1C - k_2D - P \tag{4-193}$$

式（4-191）～式（4-193）是表面流人工湿地基本方程组。

2. 潜流人工湿地

潜流人工湿地与表面流人工湿地有较大的区别。污染物在地下潜流，除了表面流的扩散和运移特性外，还需要考虑孔隙特性的影响。潜流与大气接触较少，大气复氧影响也较小。因此，潜流人工湿地 BOD—DO 耦合水质模型基本方程为

$$R_d\frac{\mathrm{d}C}{\mathrm{d}t} + u\frac{\mathrm{d}C}{\mathrm{d}x} = D_x\frac{\mathrm{d}^2C}{\mathrm{d}x^2} - k_1C \tag{4-194}$$

$$\frac{\mathrm{d}O}{\mathrm{d}t} + u\frac{\mathrm{d}O}{\mathrm{d}x} = D_x\frac{\mathrm{d}^2O}{\mathrm{d}x^2} - k_1C + P \tag{4-195}$$

式中　R_d——阻滞系数；

　　　D_x——纵向弥散系数，m^2/s。

在稳定状态下，基本方程变为

$$u\frac{\mathrm{d}C}{\mathrm{d}x} = D_x\frac{\mathrm{d}^2C}{\mathrm{d}x^2} - k_1C \tag{4-196}$$

$$u\frac{\mathrm{d}O}{\mathrm{d}x} = D_x\frac{\mathrm{d}^2O}{\mathrm{d}x^2} - k_1C + P \tag{4-197}$$

式（4-195）、式（4-196）是潜流人工湿地基本方程组。

（二）方程解

1. 表面流人工湿地

人工湿地大部分时间为稳定状态，一般按稳定状态分析。方程式（4-190）的解为

$$C = C_0\mathrm{e}^{-\lambda x} \tag{4-198}$$

其中
$$\lambda = \frac{1}{2E_x}(-u + \sqrt{u^2 + 4k_1E_x})$$

式中 C_0——人工湿地进口（$x=0$）有机物浓度，mg/L。

一般情况下，氧亏可以用下式表示

$$D = O_s - O \tag{4-199}$$

其中
$$O_s = \sigma\frac{468}{31.6 + T} \tag{4-200}$$

式中 O_s——饱和溶解氧浓度，mg/L；

T——水温，℃；

σ——系数，σ 为 $0.8 \sim 0.9$，水污染严重时，取小值。

式（4-191）可改写为

$$u\frac{\mathrm{d}O}{\mathrm{d}x} = E_x\frac{\mathrm{d}^2O}{\mathrm{d}x^2} - k_1C_0\mathrm{e}^{-\lambda x} + k_2(O_s - O) + P \tag{4-201}$$

式（4-201）的解为

$$O = \left(O_0 - \frac{k_1C_0}{E_x\lambda^2 + u\lambda - k_2E_x} - O_s - \frac{P}{k_2}\right)\mathrm{e}^{-\alpha x} + \frac{k_1C_0}{E_x\lambda^2 + u\lambda - k_2E_x}\mathrm{e}^{-\lambda x} + O_s + \frac{P}{k_2}$$
$$\tag{4-202}$$

其中
$$\alpha = \sqrt{\frac{u^2}{E_x^2} + \frac{4k_2}{E_x}} - \frac{u}{E_x}$$

式中 O_0——人工湿地进口（$x=0$）溶解氧浓度，由边界条件确定。

2. 潜流人工湿地

式（4-195）的解为

$$C = C_0\mathrm{e}^{-\beta x} \tag{4-203}$$

$$\beta = \frac{1}{2D_x}(-u + \sqrt{u^2 + 4k_1D_x})$$

式中 C_0——人工湿地进口（$x=0$）有机物浓度，mg/L。

式（4-196）的解为

$$O = \left(O_0 - \frac{k_1C_0}{D_x\beta^2 - u\beta}\right)\mathrm{e}^{-\frac{u}{D_x}x} + \frac{k_1C_0}{D_x\beta^2 - u\beta}\mathrm{e}^{-\beta x} + \frac{P}{u}x \tag{4-204}$$

（三）人工湿地的控制目标

人工湿地的目的是控制水体有机质含量，并提供分解有机质所需的溶解氧。有机质控制的指标可以是有机质浓度或有机质分解率，为达到这一目标，需要合理确定人工湿地的长度。设人工湿地最终排放的有机质浓度为 C_n，根据式（4-197）或式（4-202），人工湿地的长度应为

$$L = \frac{1}{\lambda}\ln\frac{C_0}{C_n} \tag{4-205}$$

或
$$L = \frac{1}{\beta}\ln\frac{C_0}{C_n} \tag{4-206}$$

人工湿地溶解氧是沿程变化的，由式（4－202）或（4－204）计算，一般只要求控制其最低溶解氧浓度大于零或某一浓度。其最低溶解氧浓度的位置由下式求得

$$\frac{dO}{dx}=0 \tag{4－207}$$

（四）算例

【例 4－6】 我院新校区为处理生活污水，兴建一人工湿地，设计方案之一：采用表面流人工湿地，湿地宽度为 35.0m，长度 120m，深度 0.6m。已知 $k_1=0.3(1/d)$，纵向扩散系数 $E_x=0.005m^2/s=432m^2/d$，大气复氧系数 $k_2=2(1/d)$，人工湿地种植的水生植物产氧系数 $P=30mg/(L \cdot d)$，人工湿地进口（$x=0$）溶解氧浓度 $O_0=3mg/L$，$C_0=6mg/L$。要求有机物浓度处理率为 $\frac{C_0}{C_n}=2$，水温为 20℃。

解：

（1）由式（4－205）可得：

$$120=\frac{1}{\lambda}\ln2$$

$$\lambda=0.0058$$

（2）由

$$\lambda=\frac{1}{2E_x}(-u+\sqrt{u^2+4k_1E_x})$$

$$5.0112=(-u+\sqrt{u^2+518.4})$$

解得

$$u=49.22m/d$$

$$Q=1033.62m^3/d$$

每天可以处理污水 1033.6m³，基本上满新校区一期建设要求。

（3）

$$O_s=\sigma\frac{468}{31.6+T}=0.8\times\frac{468}{31.6+20}=7.256mg/L$$

$$\alpha=\sqrt{\frac{u^2}{E_x^2}+\frac{4k_2}{E_x}}-\frac{u}{E_x}=0.0063$$

$$O=-15e^{-0.0063x}-0.000021e^{-0.0058x}+18$$

当 $x=0m$ 时，溶解氧最低，其值为 3mg/L；当 $x=120m$ 时，溶解氧为 10.96mg/L，溶解氧含量达到 Ⅱ 水的要求，人工湿地设计合理。

人工湿地是一个人工生态系统，可以实现降解污水有机物质的功能，需要从控制水体有机质含量和提供溶解氧的含量两个方面来评估。

第五章　水生态环境危机应急技术

第一节　概　　述

一、水生态危机

本节主要讨论淡水水生态系统危机或对淡水生态系统的胁迫问题，生态学把自然界和人类活动对生态系统的干扰称为胁迫。自然界对淡水生态系统的干扰主要是由气候变化、地震、火山爆发、山体滑坡、地陷、台风（飓风、旋风）、大洪水、河流改道等引起，其对淡水生态的影响大多都能恢复，或者向另一种状态发展，建立新的动态平衡系统。而人类对淡水生态系统的影响始于现代人类社会大规模经济活动，其对淡水生态系统的影响是严峻的，是淡水系统自身难于恢复的。

二、水环境危机

水环境危机是指自然水域由于各种原因造成水质下降的危机。导致自然水域水质变差的原因有水污染、咸潮和干旱缺水等原因。其中水污染是主要因素。

（一）水污染

常态性的水污染源主要是工业废水、农业污水和市政生活废水，这是影响水环境的主要方面。此外还有突发性的水污染事件，虽然事件经历时间较短，但对水环境和水生态产生极大的危害，对水生态可能产生长期的危害。水环境危机主要指突发性的水污染事件。

近几年我国发生的水环境危机事件主要有：

1. 太湖蓝藻

蓝藻又称蓝绿藻，是一种最原始最古老的藻类植物，分布十分广泛，主要为淡水产。少数可生活在 60～85℃ 的温泉中，有些种类和真菌、苔藓、蕨类及裸子植物共生。在一些营养丰富的水体中，有些蓝藻常于夏季大量繁殖，并在水面形成一层蓝绿色而有腥臭味的浮沫，称为"水华"，可加剧水质恶化，对鱼类等水生动物以及人、畜均有较大危害，严重时会造成鱼类死亡。

2007 年 5 月 29 日上午，在高温的条件下，太湖无锡流域突然大面积蓝藻暴发，供给全市市民的饮水源也迅速被蓝藻污染。现场虽然进行了打捞，无奈蓝藻暴发太严重而无法控制。遭到蓝藻污染的、散发浓浓腥臭味的水进入了自来水厂，然后通过管道流进了千家万户。

江苏省无锡市紧急启动应急预案，从常州、苏州等周边城市大批量调运纯净水。由于大批量外运的纯净水不断运抵无锡市区，在一定程度上缓解了市民饮用水紧张的状况。除开辟纯净水供给绿色通道外，无锡市积极采取以下三条措施：一是加大"引江济太"（引长江水补充太湖水）的供给量，以达到稀释太湖富营养化水质的状况；二是紧急邀请国内治理蓝藻的相关专家会商改善太湖水质的有关对策；三是无锡有关部门密切关注自来水水质生化变化情况，以便作出积极应对。

蓝藻既是生态问题，又是水环境问题。其根本原因是水污染引起水体富营养化，促使蓝藻大量繁殖，进而影响水质。从根本上来说，蓝藻处理还是要控制水质，减少污水排放，特别是要避免磷氮类营养物质的富集。蓝藻处理还可以采用生物手段来治理，放养滤食性鱼类可以较好地控制蓝藻生长。但是，鱼类生长由受到水质的影响，水质受到污染，水体溶解氧下降都不利鱼类的生存，鱼类放养密度受到限制，所以利用滤食性鱼类控制蓝藻也需要有一定的水质条件。

有报道，可以利用超声波治理蓝藻，因为蓝藻具有独特细胞结构——气泡结构。气泡结构是蓝藻赖以生存的心脏，蓝藻依赖气泡自由升降，也需要依靠气泡完成碳氮代谢。利用低功率超声波的空化效应，连续不断地击碎蓝藻心脏——气泡，抑制蓝藻的生长。超声波清除蓝藻的效果比较好，适应在较小的水面上应用。超声波是否会对其他生物造成不利影响，还有待进一步研究。

图 5-1　2005 年 11 月 23 日发生的松花江
水污染事件

2. 松花江水污染

2005 年 11 月 23 日，受中国石油吉林石化公司爆炸事故影响，松花江发生重大水污染事件，如图 5-1 所示，吉林、黑龙江省人民政府启动了突发环境事件应急预案，采取措施确保群众饮水安全。

中国石油吉林石化公司爆炸事故发生后，监测发现苯类污染物流入第二松花江，造成水质污染。苯类污染物是对人体健康有危害的有机物。接到报告后，国家环保总局高度重视，立即派专家赶赴黑龙江现场协助地方政府开展污染防控工作，实行每小时动态监测，严密监控松花江水环境质量变化情况。

污染事件发生后，吉林省有关部门迅速封堵了事故污染物排放口；加大丰满水电站的放流量，尽快稀释污染物；实施生活饮用水源地保护应急措施，组织环保、水利、化工专家参与污染防控；沿江设置多个监测点位，增加监测频次，有关部门随时沟通监测信息，协调做好流域防控工作。黑龙江省财政专门安排 1000 万元资金专项用于污染事件应急处理。

11 月 13 日 16 时 30 分开始，环保部门对吉化公司东 10 号线周围及其入江口和吉林市出境断面白旗、松江大桥以下水域、松花江九站断面等水环境进行监测。14 日 10 时，吉化公司东 10 号线入江口水样有强烈的苦杏仁气味，苯、苯胺、硝基苯、二甲苯等主要污染物指标均超过国家规定标准。松花江九站断面 5 项指标全部检出，以苯、硝基苯为主，从三次监测结果分析，污染逐渐减轻，但右岸仍超标 100 倍，左岸超标 10 倍以上。松花江白旗断面只检出苯和硝基苯，其中苯超标 108 倍，硝基苯未超标。随着水体流动，污染带向下转移。11 月 20 日 16 时到达黑龙江和吉林交界的肇源段，硝基苯开始超标，最大超标倍数为 29.1 倍，污染带长约 80km，持续时间约 40h，污染带已流过肇源段。

11 月 21 日，哈尔滨市政府向社会发布公告称全市停水 4d，"要对市政供水管网进行检修"。此后市民怀疑停水与地震有关出现抢购。同年 11 月 22 日，哈尔滨市政府连续发布 2 个公告，证实上游化工厂爆炸导致了松花江水污染，动员居民储水。同年 11 月 23 日，国家环保总局向媒体通报，受中国石油吉林石化公司双苯厂爆炸事故影响，松花江发生重大水污染事件。

3. 北江镉污染

2005 年 12 月 16 日，由于韶关冶炼厂违反法规规定，直接排放含镉超标的污水，造成珠江北江水域发生重大环境污染事件。事件发生后，国家环保总局派专人及时进行技术指导和协调，协助广东省政府进行应急处置工作。通过实施削峰降镉、调水稀释等一系列处置措施，至 2006 年 1 月 26 日污染警报解除。

镉是人体非必需元素，在自然界中常以化合物状态存在，一般含量很低，正常环境状态下，不会影响人体健康。

镉和锌是同族元素，在自然界中镉常与锌、铅共生。广泛存在于自然界中，随着城市工业化、都市化的发展，大量的镉连续不断地进入土壤、水和空气。空气中的镉污染主要来自含镉矿的开采和冶炼，煤、石油的燃烧以及城市垃圾、废弃物的燃烧等均可造成大气镉污染。工厂排出的含镉废水，镉尘沉降于土壤也是环境镉污染的主要来源。

镉是提取锌的副产品，多用于电镀工业，其次用于制造合金、焊料、染料和涂料色素，以及用于制造塑胶的稳定剂。金属镉属微毒类；镉化合物中的硫化镉、硫磺酸镉属低毒类；氧化镉、硫酸镉、硝酸镉等属中等毒类。镉较其他重金属容易为农作物、蔬菜、稻米所吸收。人吃下受污染的农作物后，便一并将镉透过消化道进入人体，主要积聚于肝及肾，造成损害。

研究显示，镉中毒会造成肾小管再吸收障碍，低分子量蛋白质和钙质等由尿中流失，长期下去容易形成骨质软化，关节疼痛、骨折及骨骼变形等。

镉污水经过河流、水库的水流的推力和高浓度向低浓度扩散，稀释、混合、水流的交换，物理净化过程，污水形成可沉淀的污泥，水质达到自净的作用。也可经过化学净化和生物净化作用。

4. 云南曲靖重金属污染

2011 年 8 月 12 日，云南信息报报道了曲靖市一起重金属污染事件，指因 5000t 铬渣倒入水库，水体中致命六价铬超标 2000 倍。这起重大水质污染事件源于网友的公开举报，无论地方应对是否有被动拖沓之嫌、官员是否有利益勾连之昧，至少事件得到了一定的重视、污染得到了一定的控制，是网络监督以腐败官员为目标向以腐败行政为重点的成功转移。

5. 广西龙江镉污染

2012 年 1 月 15 日，广西龙江河拉浪水电站网箱养鱼出现少量死鱼现象被网络曝光，龙江河宜州拉浪码头前 200m 水质重金属超标 80 倍。时间正值农历龙年春节，龙江河段检测出重金属镉含量超标，使得沿岸及下游居民饮水安全遭到严重威胁。当地政府积极展

开治污工作，以求尽量减少对人民群众生活的影响。

（二）咸潮

咸潮主要发生在感潮河道和河口。海洋受月球引力的作用，发生周期性的潮位涨落变化，一般其变化周期为 12.5h。当河道来水流量减小或海潮位升高时，海水会沿河道上潮，大量盐分（氯根）进入河道，使河道水体含盐量大幅升高。海水入侵到取水口时，会影响滨海城市供水系统，造成城市缺水，影响滨海城市社会和经济的正常秩序。

另外，由于海水的注入，给感潮河段带来大量的溶解氧，大量的海水使污染物被混合和稀释，增加河道的同化能力，加速有机污染物的分解，改善河道的水质。

（三）干旱缺水

干旱缺水会造成江河湖泊水域水质下降。前面已讨论过咸潮对河道水质的影响，干旱缺水是导致咸潮入侵的一个主要原因。干旱缺水会使水域污染物的浓度上升，同时还使水体自净能力降低，进一步加剧水质恶化。另外，干旱缺水危及水生物的生存，造成大量水草、藻类和鱼类死亡，使水体富营养化，造成藻类死亡，分解成大量的植物营养物，促进藻类繁殖的循环，严重恶化水质，破坏水生态。

第二节　咸潮处理技术

咸潮对经济发达的沿海城市供水影响较大，对河流生态也有一定的影响，是现代沿海城市水利所要面对的重要问题。珠海咸潮的应对措施主要是采用"引淡压咸"的方法，其重要因素是如何把握引淡的流量问题，即要达到压咸的目的，又要避免淡水资源的浪费，经过多次的实践摸索，才逐渐把握珠海咸潮控制过程中引淡的控制规律。

事实上，控制咸潮的关键因素是感潮河道的流速，影响感潮河道流速的主要因素是潮水位及其涨落规律和上游来水流量及过程。应对咸潮问题需要了解咸潮运动规律和河道水流流速的变化规律。

一、咸潮及其危害

咸潮是一种天然水文现象，它是由太阳和月球对地表海水的吸引力引起的，当海水涨潮，令海水倒灌，咸淡水混合造成上游河道水体变咸，即形成咸潮。特别是同时出现河流淡水流量不足的情况，咸潮影响范围更大。

因此，大的咸潮主要是由大潮、大旱引起的，一般发生在上一年冬至到次年立春清明期间，由于上游江水水量少，雨量少，使江河水位下降，由此导致沿海地区海水通过河道或其他渠道倒流或氯化物逆流扩散到上游。咸潮的影响主要表现在河道水体氯化物的含量上，按照国家有关标准，如果水的含氯度超过 250mg/L 就不宜饮用。这种水质还会危害到当地的植物生存。

海水的氯化物浓度一般高于 5000mg/L，当咸潮发生时，河水中氯化物浓度从每升几毫克上升到超过 250mg。水中的盐度过高，就会对人体造成危害，老年人和患高血压、心脏病、糖尿病等病人不宜饮用。水中的盐度高还会对企业生产造成威胁，生产设备容易氧化，锅炉容易积垢。在咸潮灾害中，生产中用水量较大的化学原料及化学制品制造、金属制品、纺织服装等产业受到的冲击较大，其中一些企业不得不停产。

咸潮还会造成地下水和土壤内的盐度升高，给"鱼米之乡"的三角洲地区农业生产造成严重影响，危害到当地的植物生存。从受灾农村地区看到的情况令人触目惊心，在一些稻田边，尽管水沟里蓄有一些水，然而田地却龟裂着。当沟里的水咸度已达 0.5％，而如果农作物"饮用"咸度超过 0.4％的水，半个月后就会停止生长，甚至死掉。

水质性缺水对当地农业的影响是明显的。据珠江三角洲地区的统计数据显示：广州市番禺区 2004 年全区早稻面积计划完成 6.5 万亩，同比减少 2.1 万亩，近 1/3 的稻田无法下插；甘蔗面积 5.2 万亩，同比减少 0.1 万亩；常年蔬菜面积 11.0 万亩，同比减少 1.8 万亩。

二、咸潮的成因

咸潮上溯属于沿海地区一种特有的季候性自然现象，多发于枯水季节、干旱时期，特别是同期发生天文大潮，其就影响更大。咸水上溯意味着位于江河下游的取水口在咸潮上溯期间抽上来的不是能饮用、灌溉的水，而是陆地生命无法赖以生存的海水。我国的咸潮多发生在珠江口。

根据 2003～2005 年珠江口咸潮的有关报道资料，珠江河口咸潮的成因主要有：

（1）降水少是主要原因。由于 2003 年全流域降雨比多年平均减少两成以上。其中珠江上游西江流域减少六成，加上 2004 年入冬以来降雨锐减，导致南粤各地江、湖、库水位急剧下降，广东省内珠江流域的 30 座大型水库总蓄水量为 11048.4hm³，比干旱的 2003 年同期减少 3363.6hm³，减幅为 23％。降雨减少导致江河流量严重减少，2005 年初西江高要站的水位为－0.06m。珠江上游少雨，源水水量减少，下游则受海水潮汐影响，形成咸潮。咸潮的直接诱因就是南粤大地连年干旱。

（2）无序挖沙也助长了特大咸潮的形成。整个珠江口的年平均输沙量是 8000 万 t，这个数字是包括悬浮在水里的泥沙的，而沉在河底的粗沙只占总量的 5％～6％，人们挖走的泥沙部分都是粗沙，而且开采量已经连续 15 年超过了 8000 万 t，这就把历史上积存的河沙也挖尽了，而且上游的泥沙不够补充已被挖走的河沙。

目前，整个珠江三角洲河段约有许多非法采沙船，导致河段已基本没有河沙；没有河沙河段正沿着大江大河自下溯江而上；过量滥采河沙造成河床严重下切，引发咸潮上溯。

（3）海平面上升加剧咸潮蔓延。海平面上升与咸潮之间的关系引人注目。最近，由中国科学院、广东省科学院等 13 个单位 100 多位科技人员历时 8 年合作完成的一项研究表明，珠江三角洲地区的海平面到 2030 年可能会上升 30cm。该研究小组一位研究员说，如果疏于防范，珠三角这一中国最发达的地区将遭受更为严重的洪水、风暴潮、涝灾和咸潮的袭击，面临"被淹"的危险。

（4）生产和生活用水增加加剧咸潮的严重。华南一带沿海地区随着经济急速发展，工业生产规模扩张，常住人口增长，生产和生活用水急剧增加，导致江河水流量减少，这使当地咸潮入侵日益严重。

三、咸潮的防治

1. 预报

加强对咸潮形成机理的研究，掌握咸潮变化规律，建立咸潮预报模型，进行咸潮预测预报。同时运用先进的超声波流速剖面仪等设备和技术，对咸潮实施同步的严密监测，并建立预警机制，在咸潮到来之前做好防范，才能对咸潮入侵应对自如。

2. 采取调水压咸

由于咸潮活动主要受潮汐活动和上游来水控制。潮汐活动可调节的余地有限，而上游径流的调节则是大有可为的。调水压咸是目前比较有效的应急办法。应急调水压咸调度应以大型水库为主，特别是优先考虑距离三角洲地区较近、流程短的水库或水利枢纽的调水压咸作用，通过调水压咸还要注意分发挥流域水资源的综合效益。

3. 加强河道采砂管理

三角洲河段过量滥采河砂造成河床严重下切，引发咸潮上溯，有关部门应对全流域加强采砂的管理，用立法手段严厉打击违法采砂行为，做到有序、有控制地合理采砂。

4. 节约用水

随着近几十年经济的发展，各地区的年用水量也在持续递增。一般来说，农业是耗水大户，占总消耗量的七成以上，同时，市镇生活和工业用水存在浪费严重问题。过度用水导致河流水位下降，加重咸潮的危害。所以，应推广农业节水灌溉技术，大力提倡人们节约用水，提高水的利用效率，以减轻咸潮的危害。

5. 建设或扩建应急供水工程

就珠海咸潮事件来说，扩建平岗泵站，将生产能力由现在的 24 万 m^3/d 扩建为 124 万 m^3/d；铺设平岗站至广昌泵站长 21.2km、直径 2.4m 的输水管线；建设广昌泵站接口工程，增设前池，调节平岗泵站及裕洲泵来水，改善广昌泵站吸水性能。全力推进南区水厂、乾务水厂及黄杨泵站配套管线扩建工程等供水基础设施的建设，进一步完善全市供水系统，不断提高珠澳两地正常、安全、优质的供水保障率。

6. 伺机"偷淡"

利用海潮涨落的变化规律，可以利用落潮时，河道流速增加、咸潮后退的时机，通过分析，选择合理的时段加紧抽水蓄淡，即伺机"偷淡"。根据潮水运动的规律，在大潮来临前和咸水退潮时抓住时机加大抽水量。如东莞市第二水厂在咸潮上溯厉害的几天，在每天水质中"氯化物"指标超标的 4h 停止抽水，等咸潮消退时抓紧抽水。

7. 河口束流工程

在工程上，可以建设活动闸坝、水下潜坝和堤岸水利工程，以实现束流、增加河道流速，迫使咸潮后退。

四、污染物逆流分散运移特性

(一)污染物逆流分散

1. 基本方程

污染物进入水体会发生各种运动或运移过程，一般包括稀释、扩散、沉淀、吸附、凝聚和挥发等物理迁移过程；水解、氧化、分解和化合等化学转化过程；硝化、厌氧等生化转化过程。在这些物理、化学和生化过程等的迁移、转化过程中，污染物浓度将发生变化，影响污染物进入水体的运移特性。综合来说，污染物进入水体的运移作用主要有扩散、对流、弥散、混合、稀释和自净等。其中弥散是由于断面各点流速和浓度分布不均匀所引起的污染物向四周散布的现象。只有因浓度梯度所促使的弥散作用可以逆水流散布和分散。

氯化物进入水体的运移作用主要有扩散、对流、弥散、混合、稀释等。

考虑纵向分散作用的一维模型的基本方程为

$$\frac{\partial c}{\partial t} + u \frac{\partial c}{\partial x} = E \frac{\partial^2 c}{\partial x^2} - K_1 c \tag{5-1}$$

式中　c——污染物浓度，mg/L；

　　　u——水流流速，m/s；

　　　E——纵向分散系数，m^2/s；

　　　K_1——BOD 数量减少系数，1/d；

　　　x——纵向坐标（顺水流方向为正），km。

在稳态条件下，式（5-1）可转化为

$$E \frac{\partial^2 c}{\partial x^2} - u \frac{\partial c}{\partial x} - K_1 c = 0 \tag{5-2}$$

如果污染源在 $x=0$ 处，浓度为 c_0，式（5-2）的解为

$$c = c_0 e^{j_1 x} \quad x < 0 \tag{5-3}$$

$$c = c_0 e^{j_2 x} \quad x > 0 \tag{5-4}$$

其中

$$j_1 = \frac{u}{2E} \left(1 + \sqrt{1 + \frac{4K_1 E}{u^2}} \right) \tag{5-5}$$

$$j_2 = \frac{u}{2E} \left(1 - \sqrt{1 + \frac{4K_1 E}{u^2}} \right) \tag{5-6}$$

由式（5-3）可知，无论流速有多大，污染物可逆流分散无限远，这和实际不相符合。事实上，当流速达到一定时，逆流分散距离极为有限。所以，式（5-2）解的边界条件不符合实际，应根据分散运移特性来确定逆流分散问题的解。

2. 逆流分散运移特性分析

为便于分析，采用相对浓度来表示（％）污染物浓度，即

$$C = \frac{c}{c_0} \tag{5-7}$$

式（5-1）可改写为

$$\frac{\partial C}{\partial t} + u \frac{\partial C}{\partial x} = E \frac{\partial^2 C}{\partial x^2} - K_1 C \tag{5-8}$$

在稳态方程条件下，式（5-8）可转化为

$$E \frac{\partial^2 C}{\partial x^2} - u \frac{\partial C}{\partial x} - K_1 C = 0 \tag{5-9}$$

河流中的污染物随水流回荡、紊动扩散和纵向分散，特别是纵向分散作用，在方程（5-8）、式（5-9）中，用 $E\dfrac{\partial^2 C}{\partial x^2}$ 项来反映。根据污染物的纵向分散运移特性，在纵向分散运移作用下，河道断面单位时间输送的污染物量与该断面污染物浓度梯度成正比，即

$$\frac{\partial M}{\partial t} = -EA\frac{\partial C}{\partial x} \tag{5-10}$$

或

$$Q_c = -EA\frac{\partial C}{\partial x} \tag{5-11}$$

式中　M——污染物量，m^3；

　　　A——河道断面积，m^2；

　　　x——纵向坐标（顺水流方向为正），m；

　　　Q_c——污染物质量流量，m^3/s；

　　　C——无量纲的相对浓度，%。

因此，污染物的纵向分散速度为

$$u_c = E\frac{\partial C}{\partial x} \tag{5-12}$$

污染物向上游逆流分散运移速度为 u_c，这相当于污染物在水流中的相对速度，而牵连速度就是水流流速 u，污染物的绝对速度应为两者之差

$$w_c = u_c - u \tag{5-13}$$

污染物的绝对速度等于或小于 0，表示污染物不能向上游由分散运移。因此，污染物向上游运移的最大距离为

$$w_c = u_c - u = 0 \tag{5-14}$$

或

$$u_c = u \tag{5-15}$$

式（5-9）的解（$x<0$）为

$$C = ae^{j_1 x} + be^{j_2 x} \tag{5-16}$$

边界条件为

$$C_{(0)} = a + b = 1 \tag{5-17}$$

$$C_{(L)} = ae^{j_1 L} + be^{j_2 L} = 0 \tag{5-18}$$

$$C'_{(L)} = aj_1 e^{j_1 L} + bj_2 e^{j_2 L} = \frac{u}{E} \tag{5-19}$$

式（5-17）、式（5-18）、式（5-19）可解出 a、b、L。

前面讨论基于对污染源具有这样一个假设：污染源必须有足够的分散运移能力，保证当 $C'_{(0)} = aj_1 + bj_2$ 时，其浓度 c_0 不会降低。

（二）咸潮逆流分散运移特性分析

1. 咸潮一维扩散方程的一般解

咸潮一维扩散方程为

$$\frac{\partial C}{\partial t} + u\frac{\partial C}{\partial x} = E\frac{\partial^2 C}{\partial x^2} \tag{5-20}$$

咸潮一维扩散稳态方程为

$$u \frac{\partial C}{\partial x} = E \frac{\partial^2 C}{\partial x^2} \qquad (5-21)$$

当 u、E 为常数时，并且流速 u，式（5-21）的解为

$$C = a e^{\frac{u}{E}x} + b \qquad (5-22)$$

式中 a、b——待定常数。

假设河口的含盐量与海水一致，近似地将河口看成咸潮源头，则可令河口坐标为 $x=0$。

则

$$C_{(0)} = a + b = 1 \qquad (5-23)$$

$$C_{(L)} = a e^{\frac{u}{E}L} + b = 0 \qquad (5-24)$$

$$C'_{(L)} = \frac{au}{E} e^{\frac{u}{E}L} = \frac{u}{E} \qquad (5-25)$$

解得

$$L = -\frac{E}{u} \ln 2 \qquad (5-26)$$

$$a = 2 \qquad (5-27)$$

$$b = -1 \qquad (5-28)$$

$$C = 2 e^{\frac{u}{E}x} - 1 \qquad (5-29)$$

$$c = 2 c_0 e^{\frac{u}{E}x} - c_0 \qquad (5-30)$$

2. 咸潮参数的求解

咸潮控制计算需要准确界定河口位置及其恒定含盐浓度，但是一般来说河口位置的精确定位是有困难的，而且其恒定含盐量 c_0 也是很难确定，这对咸潮的控制计算带来不便。为此可采用以下方法来解决这一问题。首先在控制河段上选取两个控制断面 $x = x_1$ 和 $x = x_1 + l$，同时测得两个断面的含盐浓度 c_1、c_2 和断面平均流速 u_1、u_2，并分别代入式（5-30）：

$$c_1 = 2 c_0 e^{\frac{u_1}{E}x_1} - c_0 \qquad (5-31)$$

$$c_2 = 2 c_0 e^{\frac{u_2}{E}(x_1 + l)} - c_0 \qquad (5-32)$$

由以上两式可得

$$2 c_2 e^{\frac{u_1}{E}x_1} - c_2 = 2 c_1 e^{\frac{u_2}{E}(x_1 + l)} - c_1 \qquad (5-33)$$

由式（5-33）可解得 E，并将解代入式（5-31）或式（5-32）可求得 c_0。

污染物的弥散是污染物运移特性之一，是污染物在水体中的一种运动方式，它取决于断面各点流速和浓度分布的不均匀性，因浓度梯度所促使的弥散作用可以逆水流散布和分散。一般认为污染物逆流分散范围为无限远，可以达到任何地方。事实上，由于水流流速的作用，污染物散布和分散的范围有限，特别是流速较大时，污染物分散的范围受到极大的限制。本文从对污染物运移特性的分析入手，提出逆流分散理论计算的边界条件，并用于咸潮影响范围的计算，提高了污染物逆流分散计算的准确性。

五、感潮河道水动力学分析

在城市环境治理水利工程中，特别是海滨城市的河道治理，需要了解感潮河道的水力学特性。滨海城市河道的咸潮问题日益受到重视，如何治理和控制咸潮是水利工程未来要研究和解决的问题。目前，许多城市在河道治理工程中，探索利用潮位变化来实现冲污排污、净化内河水质的目的，以此来解决城市内河河道的水环境问题。要实现感潮河道水环境调控的目的，必须对感潮河道的水力学特性有所了解，充分利用感潮水力特性和规律，才可能实现水环境治理的目标。

感潮河道的水力学属于非恒定流范畴，但是其边界条件比较特殊，即潮水位变化有一定的规律，可以通过观测、统计分析，掌握其变化规律和幅度。根据这一特征，可以应用有限傅里叶积分变换来进行求解。本节将对一维感潮河道的水力学问题进行讨论，给出一维感潮河道非恒定流的解析解。

1. 基本方程

根据水力学理论，一维非恒定流的基本方程包括连续方程和能量方程。假设河道水位为 z，流速为 u，距离坐标用 x 表示，感潮区始端为坐标原点，河道纵比降为 i，河道断面水深为 H，水力半径为 R，谢才系数为 C，则一维非恒定流的基本方程为

$$\frac{\partial z}{\partial t}+\frac{\partial (Hu)}{\partial x}=0 \tag{5-34}$$

$$\frac{\partial u}{\partial t}+u\frac{\partial u}{\partial x}=-g\frac{\partial z}{\partial x}-g\left(i-\frac{u^2}{C^2 R}\right) \tag{5-35}$$

式中 g——重力加速度。

因为 $z=H+ix$，则式（5-34）、式（5-35）变为

$$\frac{\partial H}{\partial t}+\frac{\partial (Hu)}{\partial x}=0 \tag{5-36}$$

$$\frac{\partial u}{\partial t}+u\frac{\partial u}{\partial x}=-g\frac{\partial H}{\partial x}-\frac{u^2 g}{C^2 R} \tag{5-37}$$

由于感潮河道非恒定是引潮水位引起的，但其变化较缓慢，特别是水深变化很缓慢，所以以上方程可以线性化。式（5-36）中的等式左边的第二项可以简化为

$$\frac{\partial (Hu)}{\partial x}=H\frac{\partial u}{\partial x}+u\frac{\partial H}{\partial x}\approx H_0\frac{\partial u}{\partial x} \tag{5-38}$$

式中 H_0——初始水深。

方程式（5-37）的 $u\frac{\partial u}{\partial x}$ 和 $\frac{u^2 g}{C^2 R}$ 均较小，可以忽略。那么，式（5-34）、式（5-35）可以简化为线性方程组

$$\frac{\partial H}{\partial t}+H_0\frac{\partial u}{\partial x}=0 \tag{5-39}$$

$$\frac{\partial u}{\partial t}+g\frac{\partial H}{\partial x}=0 \tag{5-40}$$

方程式（5-39）、式（5-40）消去 u 或 H 后变为

$$\left.\begin{array}{l} \dfrac{\partial^2 H}{\partial t^2} - gH_0 \dfrac{\partial^2 H}{\partial x^2} = 0 \\[3mm] \dfrac{\partial^2 u}{\partial t^2} - gH_0 \dfrac{\partial^2 u}{\partial x^2} = 0 \end{array}\right\} \tag{5-41}$$

假设感潮区为 $0 \leqslant x \leqslant L$，河口潮水位已知，则边界条件

$$H(0,t) = H_0 \tag{5-42}$$

$$H(L,t) = H_0 + A\sin\omega t \tag{5-43}$$

潮水位每天升降两个来回，严格来说只是锯齿形波形，不十分规则，但每 12h 的变化可概化为正弦波型，即可在这一时段假设潮水位按正弦规律变化。则初始条件为

$$H(x,0) = H_0 \tag{5-44}$$

$$\frac{\partial H(x,0)}{\partial t} = 0 \tag{5-45}$$

式 (5-39) ～式 (5-45) 为一维感潮河道水力学基本方程及边界条件、初始条件。

2. 方程求解

为了求解式 (5-39) ～式 (5-45)，引入有限傅里叶正弦积分变换：

$$\overline{H}(n,t) = \int_0^L H(x,t) \sin\frac{n\pi x}{L} \mathrm{d}x \tag{5-46}$$

那么，式 (5-41) 变为

$$\frac{\partial^2 \overline{H}(n,t)}{\partial t^2} + gH_0 \left(\frac{n\pi}{L}\right)^2 \overline{H}(n,t) - \left[\frac{n\pi H_0^2}{L} - (-1)^n \frac{n\pi H_0}{L}(H_0 + A\sin\omega t)\right] = 0 \tag{5-47}$$

初始条件变为

$$\overline{H}(n,0) = \left[1 - (-1)^n\right]\frac{LH_0}{n\pi} \tag{5-48}$$

$$\frac{\partial \overline{H}(n,0)}{\partial t} = 0 \tag{5-49}$$

由式 (5-47) ～式 (5-49) 解得

$$\begin{aligned} \overline{H}(n,t) &= -(-1)^n \frac{\sqrt{gH_0}\,\omega}{(\omega^2 - \theta^2)} A\sin\theta t + \left[1 - (-1)^n\right]\frac{LH_0}{n\pi} + (-1)^n \frac{n\pi H_0}{L(\omega^2 - \theta^2)} A\sin\omega t \\ &= -(-1)^n \frac{\sqrt{gH_0}\,\omega}{(\omega^2 - \theta^2)} A\sin\theta t + \left[1 - (-1)^n\right]\frac{LH_0}{n\pi} + (-1)^n \left[\frac{n\pi H_0}{L(\omega^2 - \theta^2)} + \frac{L}{n\pi}\right] A\sin\omega t \\ &\quad + (-1)^{n+1} \frac{L}{n\pi} A\sin\omega t \end{aligned} \tag{5-50}$$

其中 $\theta = \dfrac{n\pi}{L}\sqrt{gH_0}$

由有限傅里叶积分变换的反演公式得

$$\begin{aligned} H(x,t) &= \frac{2}{L} \sum_{n=1}^{\infty} \left\{ -(-1)^n \frac{\sqrt{gH_0}\,\omega}{(\omega^2 - \theta^2)} A\sin\theta t + (-1)^n \left[\frac{n\pi H_0}{L(\omega^2 - \theta^2)} + \frac{L}{n\pi}\right] A\sin\omega t \right\} \sin\frac{n\pi x}{L} \\ &\quad + H_0 + \frac{x}{L} A\sin\omega t \end{aligned} \tag{5-51}$$

式（5-51）是式（5-39）～式（5-45）的解析解。

方程式（5-41）可以采用相同的方法求解。感潮区为 $0 \leqslant x \leqslant L$，边界条件为

$$\frac{\partial u(0,t)}{\partial x} = 0 \tag{5-52}$$

$$\frac{\partial u(L,t)}{\partial x} = -\frac{A\omega}{H_0}\cos\omega t \tag{5-53}$$

初始条件为

$$u(x,0) = \frac{Q}{H_0} \tag{5-54}$$

$$\frac{\partial u(x,0)}{\partial t} = 0 \tag{5-55}$$

式中 Q——单宽流量。为了求解方程，引入有限傅里叶余弦积分变换：

$$\bar{u}(n,t) = \int_0^L u(x,t)\cos\frac{n\pi x}{L}\mathrm{d}x \tag{5-56}$$

那么，方程式（5-41）变为

$$\frac{\partial^2 \bar{u}(n,t)}{\partial t^2} + gH_0\left(\frac{n\pi}{L}\right)^2 \bar{u}(n,t) - (-1)^n \frac{\omega A}{H_0}\cos\omega t = 0 \tag{5-57}$$

初始条件变为

$$\left.\begin{array}{ll} \bar{u}(n,0) = \pi\dfrac{Q}{H_0}, & n=0 \\[2mm] \bar{u}(n,0) = 0, & n \neq 0 \end{array}\right\} \tag{5-58}$$

$$\frac{\partial \bar{u}(n,0)}{\partial t} = 0 \tag{5-59}$$

解得：

$$\bar{u}(n,t) = \left\{-(-1)^n \frac{A\omega}{H_0(\theta^2-\omega^2)}\right\}(\cos\theta t - \cos\omega t) \tag{5-60}$$

由有限傅里叶积分变换的反演公式得

$$u(x,t) = \frac{2}{L}\sum_{n=1}^{\infty}\left\{-(-1)^n \frac{A\omega}{H_0(\theta^2-\omega^2)}\right\}(\cos\theta t - \cos\omega t)\cos\frac{n\pi x}{L} + \frac{Q}{H_0} \tag{5-61}$$

式（5-51）、式（5-61）就是问题的解。以上各式采用 Mathematica4.0 软件可以很方便计算出有关结果。

3. 算例

【例5-1】 某河单宽流量为 $3.6\mathrm{m^3/(s \cdot m)}$，初始水深 H_0 为 6m，潮水位波幅 A 为 1.2m，频率 ω 为 4.015×10^{-3}（rad/s），河道纵坡 i 为 0.3‰，河道长度 L 为 6000m。分析潮水位影响下的河道水力学特性，可利用式（5-51）。时间按小时计。

解：
$$H(x,t) = \frac{1}{3000}\sum_{n=1}^{\infty}\left\{-(-1)^n \frac{1.2 \times \sqrt{9.8 \times 6} \times 0.07 \times 10^{-3}}{(4.91 \times 10^{-9} - 1.612 \times 10^{-5}n^2)}\sin(4.015 \times 10^{-3}nt)\right.$$

$$+ (-1)^n\left[\frac{6 \times 3.141516n}{6000 \times (4.91 \times 10^{-9} - 1.612 \times 10^{-5}n^2)} + \frac{6000}{\pi n}\right] \times 1.2\sin(0.07$$

$$\left.\times 10^{-3}t)\right\}\sin\frac{n\pi x}{6000} + 6 + \frac{1.2x}{6000}\sin(0.07 \times 10^{-3}t)$$

取有限项求和

$$H_{(x,t)} = \frac{1}{3000} \sum_{n=1}^{m} \left\{ -(-1)^n \frac{1.2 \times \sqrt{9.8 \times 6} \times 0.07 \times 10^{-3}}{(4.91 \times 10^{-9} - 1.612 \times 10^{-5} n^2)} \sin(4.015 \times 10^{-3} nt) + \right.$$

$$\left. (-1)^n \left[\frac{6 \times 3.141516n}{6000 \times (4.91 \times 10^{-9} - 1.612 \times 10^{-5} n^2)} + \frac{6000}{\pi n} \right] \times 1.2 \sin(0.07 \times 10^{-3} t) \right\} \sin\frac{n\pi x}{6000}$$

$$+ 6 + \frac{1.2x}{6000} \sin(0.07 \times 10^{-3} t)$$

采用 Mathematica4.0 软件进行计算，例如当 $x=1000$（m），$t=2$（h），$m=300$ 时，计算结果 $H=6.107$m。其余计算见表 5-1。

表 5-1　　　　　　　　　　　水 深 计 算 结 果 表

距离（m）＼水深（m）时间（s）	0	2	4	6
0	6	6	6	6
1000	6	6.12	6.20	6.24
2000	6	6.24	6.39	6.48
3000	6	6.35	6.59	6.73
4000	6	6.46	6.79	6.96
5000	6	6.58	7.00	7.19
6000	6	6.58	7.01	7.20

流速分析如下：

$$u_{(x,t)} = \frac{1}{3000} \sum_{n=1}^{m} \left[-(-1)^n \frac{1.2 \times 0.07 \times 10^{-3}}{6 \times (1.612 \times 10^{-5} n^2 - 4.9 \times 10^{-9})} \right] \cos(4.015$$

$$\times 10^{-3} nt) \cos\frac{n\pi x}{6000} + \frac{1}{3000} \sum_{n=1}^{m} \left[(-1)^n \frac{1.2 \times 0.07 \times 10^{-3}}{6 \times (1.612 \times 10^{-5} n^2 - 4.9 \times 10^{-9})} \right.$$

$$\left. \times \cos(0.07 \times 10^{-3} t) \right] \cos\frac{n\pi x}{6000} + 0.6$$

采用 Mathematica4.0 软件进行计算，例如当 $x=1000$（m），$t=2$（h），$m=300$ 时，流速为 0.609186m/s。其余计算见表 5-2。

表 5-2　　　　　　　　　　　流 速 计 算 结 果 表

距离（m）＼流速（m/s）时间（s）	0	2	4	6
0	0.6	0.574	0.600	0.607
1000	0.6	0.574	0.599	0.606
2000	0.6	0.585	0.597	0.602
3000	0.6	0.599	0.595	0.597
4000	0.6	0.612	0.597	0.594
5000	0.6	0.625	0.606	0.598
6000	0.6	0.638	0.614	0.600

从以上计算结果可以看出，给出的水深和流速解的级数收敛情况较好，计算精度高，满足工程设计需要。特别是感潮河道流速的变化对咸潮上溯影响较大，其计算结果是咸潮应急处理的依据。

利用有限傅里叶积分变换求解波动方程是一个新尝试，由于计算只能取有限项进行，为保证合理的收敛性，反演计算时应对影响边界条件的因素提取出来，以免影响计算精度。虽然，傅里叶积分变换会导致大量的求和计算，但可以应用已有的程序——Mathematica4.0，可以很快捷计算出来。

感潮河道的水动力学特性分析是很重要的工程问题，通常采用数值计算，计算比较复杂，需要专门的程序，建模工作量也较大，以上给出的计算方法就简便得多，计算精度也较高，可借助已有的程序——Mathematica4.0，甚至利用电子表格也能完成计算。比较适应工程应用。

六、咸潮处理技术

（一）河口束流工程

河口拦门砂和河床底砂均有束流作用，泥沙减小河口深度，促使河流增速，阻止咸潮上溯或减少咸潮上溯的强度，特别是阻止咸水沿河床底部上溯。

根据咸潮逆流迁移扩散的特性，控制咸潮的关键是加大河道流速，干旱时河道流量减少、流速降低，加上海潮的影响，河道流速很低，甚至出现倒流，导致咸潮大幅度入侵。

为增大河流流速，可以采用多种方式束流增速。

（1）在河网地区，如有可能利用水闸群进行合理的调度、配水时，可将次要的岔河、支流的水流集中到主河道和有航运要求的河道，增加主河道流量和流速，阻止咸潮上溯。例如采用闸坝作为岔河、支流的锁坝。

（2）利用河口束流工程，减小过水断面，使河流归槽，增大河道流速，阻止咸潮上溯。河口束流工程可以采用护堤丁坝、水下潜坝等方式，但要控制丁坝、水下潜坝的规模，以免影响河道通航和行洪，必要时可采用活动坝型，例如采用活动橡胶丁坝。

（二）调水压咸分析

目前，广东省每年都要实施调水压咸措施，以确保珠江三角洲地区城镇生活和工农业用水。广东省近几年在调水压咸方面做了大量的工作，在实践中，逐步认识调水的规律，有效地把握调水的方式和力度。

调水压咸需要了解咸潮逆流扩散和感潮河道的水力学特性，从这两个方面去认识咸潮的运动规律，把握咸潮控制的基本条件。咸潮逆流扩散是通过纵向分散作用的一维水质模型来描述，而感潮河道的水力学特性基本方程是圣维南方程。因此，根据水力学，咸潮运动的基本方程如下。

（1）考虑纵向分散作用的一维水质模型的基本方程。

$$\frac{\partial c}{\partial t} + u\,\frac{\partial c}{\partial x} = E\,\frac{\partial^2 c}{\partial x^2} - K_1 c \qquad (5-62)$$

式中　c——污染物浓度，mg/L；

u——水流流速，m/s；

E——纵向分散系数，m^2/s；

K_1——污染物衰减系数，1/d，对于咸潮 $K_1=0$；

x——纵向坐标，河口为 0，顺水流方向为正，km。

（2）圣维南方程。根据水力学理论，一维非恒定流的基本方程包括连续方程和能量方程。假设河道水位为 z，流速为 u，为便于表达边界条件，距离坐标用 s 表示，感潮区始端为坐标原点，河道纵比降为 i，河道断面水深为 H，水力半径为 R，谢才系数为 C，则一维非恒定流的基本方程为

$$\frac{\partial z}{\partial t}+\frac{\partial(Hu)}{\partial s}=0 \tag{5-63}$$

$$\frac{\partial u}{\partial t}+u\frac{\partial u}{\partial s}=-g\frac{\partial z}{\partial s}-g\left(i-\frac{u^2}{C^2 R}\right) \tag{5-64}$$

式（5-62）～式（5-64）是咸潮的水动力学方程组，与相关的边界条件和初始条件一起决定咸潮的运动规律，其解是引淡压咸的主要依据。

1. 调水压咸的控制条件

（1）流速控制条件。要准确求解式（5-62）～式（5-64）是有困难的，式（5-62）的边界条件不分明确，海水与淡水没有明确的界限，稳定的含盐度水域可能位于河口外十几公里或更远。另外，从控制角度来看，并不需要求解式（5-62）～式（5-64），只需要把握主要的控制条件。根据式（5-62）咸潮一维扩散稳态方程为

$$u\frac{\partial C}{\partial x}=E\frac{\partial^2 C}{\partial x^2} \tag{5-65}$$

当 u、E 为常数时，式（5-65）的解为

$$c=2c_0 e^{\frac{u}{E}x}-c_0 \tag{5-66}$$

式中 c_0——待定常数。

咸潮控制计算需要准确界定河口位置及其恒定含盐浓度，但是一般来说河口位置的精确定位是有困难的，而且其恒定含盐量 c_0 和咸潮的分散系数 E 也是很难确定，这对咸潮的控制计算带来不便。为此可采用以下方法来解决这一问题。首先在控制河段上选取两个控制断面 $x=x_1$ 和 $x=x_2$，同时测得两个断面的含盐浓度 c_1、c_2 和断面平均流速 u_1、u_2，并分别代入式（5-66）：

$$c_1=2c_0 e^{\frac{u_1}{E}x_1}-c_0 \tag{5-67}$$

$$c_2=2c_0 e^{\frac{u_2}{E}x_2}-c_0 \tag{5-68}$$

由式（5-67）、式（5-68）可得

$$2c_2 e^{\frac{u_1}{E}x_1}-c_2=2c_1 e^{\frac{u_2}{E}x_2}-c_1 \tag{5-69}$$

由式（5-69）可解得 E，并将解代入式（5-67）、式（5-68）可求得 c_0。

由式（5-66）可以看出，要控制引水口面 $x=x_a$ 的含盐度 c_a，只需要控制河道流速 u，其计算公式为

$$u=\frac{E}{x_a}\ln\frac{c+c_0}{2c_0} \tag{5-70}$$

只要确保河道流速不小于式（5-70）的计算值，就可以控制取水口的含盐度。所以，式（5-70）是流速控制条件。

（2）流量控制条件。控制咸潮上溯，河道流速是关键，只要河道流速超过式（5-70）的计算值，就能抑制咸潮。而感潮河道的流速受上游来水量和潮位影响，因此必须分析潮位变化对河道流速的影响，以此来确定所需的流量。由于潮位变化的缓慢的，根据本章第二节，式（5-63）～式（5-64）可以简化为线性方程

$$\frac{\partial^2 u}{\partial t^2} - gH_0 \frac{\partial^2 u}{\partial s^2} = 0 \tag{5-71}$$

感潮区为 $0 \leqslant s \leqslant L$，边界条件为

$$\frac{\partial u(0,t)}{\partial s} = 0 \tag{5-72}$$

$$\frac{\partial u(L,t)}{\partial s} = -\frac{A\omega}{H_0}\cos\omega t \tag{5-73}$$

初始条件为

$$u(s,0) = \frac{Q}{BH_0} \tag{5-74}$$

$$\frac{\partial u(s,0)}{\partial t} = 0 \tag{5-75}$$

方程式（5-71）～式（5-75）的解为式（5-61），也可以利用 MATLAB7.0 程序进行可视化计算。

2. 算例

【例5-2】　三角洲某河道平均宽度 B 为 80.0m，流量 Q 为 328.7 m^3/s，初始水深 H_0 为 5m，潮水位波幅 A 为 1.2m，频率 ω 为 8.333×10^{-3} rad/s，河道纵坡 i 为 0.3‰，感潮河段长度 L 为 16000m。测得河道两个断面的含盐浓度：x_1 为 -5.05km，u_1 为 70.3km/d，c_1 为 200.5mg/L；x_2 为 -9.1km，u_2 为 71.1km/d，c_2 为 395.5mg/L。要求控制取水口 x 为 -8.5km 处的氯化物含量不超过 200mg/L（时间按小时计），试确定上游水库的排放流量。

解：

（1）流速控制条件

以上数据代入式（5-69）

$$2 \times 200.5 \times e^{-\frac{70.3}{E} \times 5.05} - 200.5 = 2 \times 395.5 \times e^{-\frac{71.1}{E} \times 9.1} - 395.5$$

解得：$E = 1510.21$（km^2/d），$c_0 = 680.7$（mg/L）。

当 $x_a = -8.5$（km）时，计算得

$$c = 2c_0 e^{\frac{u}{E}x} - c_0 = 235.83 (\text{mg/L})$$

要求控制 c 小于 200mg/L，河道流速应大于式（5-70）计算值。

$$u = \frac{E}{x_a} \ln\frac{c+c_0}{2c_0} = 77.39 (\text{km/d}) = 0.896 (\text{m/s})$$

（2）流量控制。设流量增到 370 m^3/s，根据以上数据计算 $H_0 = 5.0$（m），$gH_0 = 4.9$，$\frac{A\omega}{H_0} = 0.1257$，$\frac{Q}{BH_0} = 0.925$，$\theta = \frac{n\pi}{L}\sqrt{gH_0} = 1.37 \times 10^{-3}n$。

则
$$\frac{\partial^2 u}{\partial t^2} - 4.9 \frac{\partial^2 u}{\partial s^2} = 0$$

感潮区为 $0 \leqslant s \leqslant L$，边界条件为
$$u(0, t) = 0.925$$

$$\frac{\partial u(L,t)}{\partial s} = -\frac{1.2 \times 0.145438 \times 10^{-3}}{6} \cos(0.145438 \times 10^{-3} t)$$

初始条件为
$$u(s,0) = 0.925$$

$$\frac{\partial u(s,0)}{\partial t} = 0$$

$$u(x,t) = \frac{2}{16000} \sum_{n=1}^{\infty} \left[-(-1)^n \frac{1.2 \times 0.145438 \times 10^{-3}}{(1.37 \times 10^{-3} \times n)^2 - (0.145438 \times 10^{-3})^2} \right]$$

$$\times \left[\cos(1.37 \times 10^{-3} \times nt) - \cos(0.145438 \times 10^{-3} t) \right] \cos\frac{n\pi x}{16000} + 0.925$$

部分计算结果，见表 5-3。从计算结果看，流速达到压咸要求，引流量满足要求。

表 5-3　　　　　　　　　　　流速计算结果表　（$m = 300$）

距离 x（m）＼流速 u（m/s）＼时间 t（h）	0	3	6	9	12	15	18
0	0.925	0.920	0.935	0.934	0.905	0.929	0.942
2000	0.925	0.920	0.934	0.934	0.905	0.928	0.942
4000	0.925	0.918	0.931	0.932	0.910	0.927	0.939
6000	0.925	0.921	0.926	0.930	0.917	0.925	0.934
8000	0.925	0.925	0.925	0.927	0.924	0.922	0.928
10000	0.925	0.928	0.924	0.923	0.932	0.922	0.920
12000	0.925	0.930	0.921	0.918	0.939	0.924	0.910
14000	0.925	0.932	0.917	0.912	0.946	0.925	0.906
16000	0.925	0.932	0.910	0.913	0.953	0.926	0.899

第三节　蓝藻处理技术

一、概述

水库蓝藻的异常增殖与水库的富营养化密切相关，水库富营养化是指由于水库中植物营养成分（氮和磷）的不断补给，造成过量积累，使水体某些特征藻类（蓝藻和绿藻）异常增殖，导致水质和水生态恶化的现象。

蓝藻问题既是水生态问题，也是水环境问题。水污染导致水库的富营养化，从而促进藻类的异常增殖，藻类快速生长又使水质恶化。所以，水生态和水环境是相互关联、相互

促进的，它们构成一个循环系统。

水库富营养化是蓝藻问题的关键。由于水库是封闭或半封闭的系统，容易造成营养物质的积累，其积累途径有两类：天然和人为。天然积累过程是漫长的，常常需要用地质年代来描述其过程。通常而言，水库富营养化主要是人为造成的，是人类社会经济活动中排放的含有营养物质的废水所导致的，而且其演变过程非常快，在短时间内就使水库水体从贫营养状态变为富营养状态。

蓝藻又称蓝绿藻，是一种最原始、最古老的藻类植物。蓝藻在地球上出现在距今 35 亿～33 亿年前，现在已知 1500 多种，分布十分广泛，遍及世界各地，但主要为淡水产。有少数可生活在 60～85℃ 的温泉中，有些种类和真菌、苔藓、蕨类和裸子植物共生。蓝藻是藻类生物，大多数蓝藻的细胞壁外面有胶质衣，因此又叫黏藻。

蓝藻是单细胞生物，没有细胞核，但细胞中央含有核物质，通常呈颗粒状或网状，染色体和色素均匀地分布在细胞质中。该核物质没有核膜和核仁，但具有核的功能，故称其为原核。和细菌一样，蓝藻属于"原核生物"。和细菌一样，蓝藻属于原核生物。

蓝藻不具叶绿体、线粒体、高尔基体、内质网和液泡等细胞器，含叶绿素 a，无叶绿素 b，含数种叶黄素和胡萝卜素，还含有藻胆素（是藻红素、藻蓝素和别藻蓝素的总称）。一般说，凡含叶绿素 a 和藻蓝素量较大的，细胞大多呈蓝绿色。同样，也有少数种类含有较多的藻红素，藻体多呈红色，如生于红海中的一种蓝藻，名叫红海束毛藻，由于它含的藻红素量多，藻体呈红色，而且繁殖得也快，故使海水也呈红色，红海便由此而得名。蓝藻虽无叶绿体，但在电镜下可见细胞质中有很多光合膜，叫类囊体，各种光合色素均附于其上，光合作用过程在此进行。

蓝藻的细胞壁和细菌的细胞壁的化学组成类似，主要为粘肽；储藏的光合产物主要为蓝藻淀粉和蓝藻颗粒体等。细胞壁分内外两层，内层是纤维素的，少数人认为是果胶质和半纤维素的。外层是胶质衣鞘，以果胶质为主，或有少量纤维素。内壁可继续向外分泌胶质增加到胶鞘中。有些种类的胶鞘很坚密并拌有层理，有些种类胶鞘很易水化，相邻细胞的胶鞘可互相溶和。胶鞘中可有棕、红、灰等非光合作用色素。

蓝藻的藻体有单细胞体的、群体的和丝状体的。最简单的是单细胞体。有些单细胞体由于细胞分裂后子细胞包埋在胶化的母细胞壁内而成为群体，如若反复分裂，群体中的细胞可以很多，较大的群体可以破裂成数个较小的群体。有些单细胞体由于附着生活，有了基部和顶部的极性分化，丝状体是由于细胞分裂按同一个分裂面反复分裂，子细胞相接而形成的。有些丝状体上的细胞都一样，有些丝状体上有异形胞的分化；有的丝状体有伪枝或真分枝，有的丝状体的顶部细胞逐渐尖窄成为毛体，称为有极性的分化。丝状体也可以连成群体，包在公共的胶质衣鞘中，这是多细胞个体组成的群体。

蓝藻是最早的光合放氧生物，对地球表面从无氧的大气环境变为有氧环境起了巨大的作用。有不少蓝藻（如鱼腥藻）可以直接固定大气中的氮，以提高土壤肥力，使作物增产。还有的蓝藻是人们的食品，如著名的发菜和普通念珠藻（地木耳）、螺旋藻等。

在一些营养丰富的水体中，有些蓝藻常于夏季大量繁殖，并在水面形成一层蓝绿色而有腥臭味的浮沫，称为"水华"。大规模的蓝藻暴发，被称为"绿潮"（和海洋发生的赤潮对应），如图 5－2 所示。绿潮引起水质恶化，严重时耗尽水中氧气而造成鱼类的死亡。更

图 5-2　蓝藻

为严重的是，蓝藻中有些种类（如微囊藻）还会产生毒素（MC），大约 50% 的绿潮中含有大量 MC。MC 除了直接对鱼类、人畜产生毒害之外，也是肝癌的重要诱因。MC 耐热，不易被沸水分解，但可被活性炭吸收，所以可以用活性炭净水器对被污染水源进行净化。

（一）水库富营养化的成因

1. 水温和光照

水库富营养化不是简单地指营养物质的多寡，藻类增殖的情况也是它的一个表征。在水库的自然环境条件中，对藻类生长影响较大的有水温和光照。水温决定藻类细胞内酶促反应的速率，光照提供藻类代谢所需的能量。

水库水温分层现象对藻类生长有重要的影响。由于热分层效应，夏季水库水体表面温度较高，光照充足，如果营养物质充分，藻类生长旺盛。因此，夏季富营养化水库常发生"水华"现象。同时在水温分层效应下，水体底层往往处于缺氧状态，促使底泥磷的释放，由于对流作用，将磷带到水体表层，又为藻类的大量繁衍提供营养物质。

2. 水深和水流条件

水库水深大时，底层水体水温低，光照强度低，生产率也较低，使水库总体生产率降低。其次，水深大的水库，容积也大，可以稀释营养物质，降低营养物质的浓度，减缓藻类的繁衍速率，以利于抑制藻类生长。

水流速度快，对输送营养物质输有利，减缓营养物质的富集速度，避免或减缓富营养化的发生。因此，改善水体流动条件，对防止水库水体富营养化十分重要。

3. 营养物质

营养物质的过度积累是导致水库水体富营养化的根本原因。一方面上游河流不断向水库输送营养物质，特别是上游含有营养物质的污水大量排放，更加促进这一过程；另一方面由于水库水体相对静止，营养物质向水库下游输送困难，致使营养物质在水库不断积累，逐步使水库水体富营养化。

营养物质主要指磷和氮，对于藻类生长来说，磷是最重要的营养物质。藻类能够利用磷酸盐、磷酸氢盐和磷酸二氢盐等形式的溶解磷，也可以吸收有机磷化物。自然界中，磷的来源主要有磷酸盐矿、动物的粪便以及岩层中的磷酸盐沉积物。化肥的大量使用、生活污水和含磷的工业废水的排放导致大量磷进入水体，因此，水污染是水库富营养化的主要原因。

氮主要存在于大气中，某些藻类具有固氮能力，能把空气中的氮通过固氮作用转化为硝酸盐。动植物的残肢中含氮的有机物质一部分被矿质化沉积在水底中，一部分直接参与循环，为水生物群落提供营养。

（二）富营养化的评判标准

水体富营养化程度与营养物质的浓度、叶绿素的水平、透明度等指标有关。在生态学中，根据水体营养状态对水体生产力的影响情况，将水体的营养状态划分为贫营养、中营养、富营养和重富营养四个等级，相应的水体生产力由低向高递增。具体的评判指标见表5-4。

表 5-4　　　　　　　　　　　　　水 体 营 养 状 态 分 级

营养状态	TN（mg/m³）	TP（mg/m³）	Chl—a（mg/m³）	SD（m）
贫营养化	<350	<10	<3.5	>4
中营养化	350～650	10～30	3.5～9	2～4
富营养化	650～1200	30～100	9～25	1～2
重富营养化	>1200	>100	>25	<1

（三）富营养化的危害

1．破坏水体生态平衡

水库的富营养化导致藻类的大量繁殖，藻类只在能接受阳光的水体表层范围内进行光合作用并排放氧气，在水体深层就无法进行光合作用而出现耗氧，在阴天和夜间也会耗氧，导致深层水体缺氧。藻类的死亡和沉淀使大量的有机物沉降到深层或底层，在水体底层聚集大量待分解的有机物，由于没有足够的溶解氧供应，导致有机物厌氧分解，使厌氧细菌大量繁殖，引起微生物种群的演替，改变原有的生态环境。

2．水质恶化

藻类在水体表层大量繁殖遮盖阻隔光线，致使深层水中的光合作用微弱，无法产生氧气，加上藻类大量耗氧，使水体中的溶解氧大幅度下降，转为厌氧状态。如果底部水体的溶解氧降到零，底部沉积物附近会形成还原状态，从而引起一系列不良后果：有机物质无机化不完全；产生甲烷气体；硝酸盐还原并产生 H_2S 气体；底泥中的铁、锰、磷析出等均可，导致水质恶化。

3．破坏水源

藻类大量繁殖，以致藻类遮蔽水面，使得大气氧气难于溶于水，造成水体缺氧，使鱼类等水生动物难于生存。藻类死亡后还会产生大量的毒素，引发恶臭，危机水生生物的生存和饮水安全。

二、生物操纵技术

水库富营养化问题的关键是藻类的异常增殖，藻类生长与水污染密切相关，另外藻类生长也与浮游动物、鱼类有关。那么是否可以通过放养浮游动物和滤食性鱼类来抑制藻类的异常增殖，从而改善水库的富营养化状态呢？这就是生物操纵问题。

1975 年捷克水生物学家 Shapiro 等提出生物操纵的概念，其定义是运用水体生态系统内营养级之间的关系，通过对生物群落及其生境的一系列操纵，达到藻类生物量、改善水质的目的，并形成对使用者有益的水生物群落的管理措施。

简单来说，生物操纵是通过调整生物群落结构来控制水质。生物操纵技术的类型有以下三种。

1. 投放滤食性鱼类控制藻类的技术

图 5-3　鲢鱼

滤食性鱼类是指以浮游生物为食的滤食性鱼类，主要有鲢鱼、鳙鱼和罗非鱼，如图 5-3～图 5-5。鲢鱼、鳙鱼是我国传统水产养殖鱼种，遍布我国各地；罗非鱼是我国引进的鱼种，主要在我国南方地区养殖。滤食性鱼类靠滤食浮游生物为生，而且食量大，是浮游植物的克星，对抑制藻类水华爆发、控制水体富营养化十分有效。根据有关实验（刘建康，谢平，1990），一般情况下滤食性鱼类的养殖密度在 $50g/m^3$ 左右，可以有效控制藻类水华。

图 5-4　鳙鱼

图 5-5　罗非鱼

投放滤食性鱼类控制藻类异常增殖的技术主要措施是要确保滤食性鱼类的放养规模，其影响因素主要有水污染造成的缺氧、其他凶猛鱼类的捕食等。污染物在水体中发生的生化反应会消耗大量的溶解氧，藻类的爆发也会造成缺氧，为保证滤食性鱼类的放养规模，应采取一定的曝气措施来增加水体溶解氧，以保证滤食性鱼类的生存所需。通过捕捞凶猛鱼类来维持滤食性鱼类的存活率。

2. 去除浮游动物食性鱼类以间接控制藻类的技术

除了前面提到的滤食性鱼类，能够滤食藻类的还有浮游动物，特别是大型浮游动物对藻类的滤食效率很高。问题是浮游动物除在这样的食物链上：浮游动物滤食浮游植物（包括藻类），而小鱼摄食浮游动物，某些较大型的鱼类又捕食小鱼。其中小鱼的数量是一个关键因素。

当某些鱼食性鱼类缺少时，小鱼的繁衍得不到有效控制，使小鱼成为优势种群，小鱼的大量繁殖，浮游动物便会受到抑制，浮游植物缺少天敌就会大量存在并快速繁殖，水体富营养化程度会越来越严重。

只有改变浮游动物食性鱼类的种类组成或密度来操纵浮游植物食性的浮游动物群落的结构，以此大力发展壮大滤食效率高的藻食性大型浮游动物的种群，通过浮游动物种群的发展壮大来遏制浮游植物的发展，从而降低藻类的生物量，最后实现改善水质的目的。

控制浮游动物食性小型鱼类的方法有两种：

（1）地投放一定量的鱼食性鱼类，以此控制小型鱼类的发展。在我国的鱼类区系中，可以担当此任的鱼种有：鳜鱼、乌鳢鱼、鱤鱼、翘嘴红鲌、鲶鱼等，如图 5-6～图 5-10 所示，特别是鳜鱼以小型活体鱼虾为食，对小鱼的控制效果很好。

（2）人工去除法。利用人工捕捞、化学毒杀、电捕和排干水体清除所有鱼类等。

图 5-6　鳜鱼

图 5-7　乌鳢鱼

图 5-8　鱤鱼

图 5-9　翘嘴红鲌

图 5-10　鲶鱼

图 5-11　螺

3. 投放螺、蚌、贝类控制藻类的技术

螺、蚌、贝类是能起到很好的生物净化作用的水生动物，如图 5-11～图 5-13 所示，其中河蚌的净化作用最明显。河蚌主要栖息在河流和湖泊水中，以浮游植物为食，滤食浮游植物的能力强。根据实验研究，1 个长为 100mm 的河蚌，在 20℃的水温下，每天可过滤 60L 的水，过滤吞食浮游植物和悬浮物，并且分解为无害物，使水澄清。在水质净化过程中，河蚌起到过滤器和沉淀器的双重作用，其水质净化效果十分明显。此外，河流中的螺类对附生藻类有明显的抑制作用。

图 5-12　河蚌

图 5-13　蚬

三、蓝藻应对措施

1. 治理蓝藻的根本措施

蓝藻危机不仅是生态问题，归根到底还是环境问题。自然环境的破坏不是一朝一夕造成的，解决这个问题也不可能短时间内就可迎刃而解。我们除了要积极推进产业结构调整，大力推行清洁生产，有效控制污染物排放总量，实施截污、减排、清淤、引水、节流等有效措施外，要切实保护好整个流域的生态系统以维持其水质，不能仅仅只是关注蓝藻，甚至只关注一时的水荒如何解决，而是要从全局来统筹部署，从环境和生态多各方面来综合治理。

在今后的发展中，要下决心以更大力度治理江河流域，保证江河流域的水质安全。第一，要以严格治理"三废"，江河水域周边地区除小化工企业要坚决实施关停并转外，还要实行更严格的区域环保制度，提高江河水域周边地区的环保标准，并通过立法来强制执行，要加快建设更多的生活污水处理厂，坚决把农业污染特别是畜禽养殖污染减少到国家规定的范围内。第二，要通过兴建水利工程，建立常态化的调水机制，让江、河、湖泊的水流动起来，变死水位活水，促进水中物质的流动和交换，避免水体富营养化。第三，要建立生态灾害的预警机制。第四，建立蓝藻的监测、预报系统，提高对蓝藻危机应急处置的能力。

2. 城市供水应急措施

蓝藻的危害主要是对生态环境和城市供水等方面的危害。蓝藻引发的供水危机，严重影响城市正常生活和生产秩序，给社会带来动荡，对经济社会带来极为不利的影响。制订城市供水应急措施是应对蓝藻危机的主要方法，强调要以对人民负责的态度，齐心协力，全力以赴，确保城市居民的饮水安全和清洁用水，确保人民群众的健康和正常生活，确保社会秩序的稳定。特别是确保饮用纯净水的供应，加大从周围地区调水的力度，使纯净水水源充足，做到不限量向市民供给。

为确保饮用纯净水的应急供应，应做好饮用纯净的保障供应工作有关质检部门和物价部门也进一步加强市场监管职能。要全面对桶装水主要生产厂家进行检查，甚至可以驻厂监管，组织对桶装水产品进行抽样检查，确保质量稳定。应紧急出台多项措施，稳定市场上的饮用水价格，对于借机哄抬物价、蓄意串通，联合提价、故意散播涨价信息，诱骗消费者交易等行为进行重点打击、依法处理。

3. 蓝藻应急处理

在保障纯净水充足、安全供应的同时，各有关地方和部门要紧急动员起来，积极采取应急处置措施，针对蓝藻污染及时组织有关专家积极研究消除蓝藻的对策，争取尽快让人民群众用上洁净安全的自来水。

蓝藻暴发主要是因为江、河、湖泊和水库水体的富营养化造成的，因此应加强水环境治理，减少污水排放，避免水体富营养化。蓝藻生长密集、覆盖整个水面，造成水体溶解含量降低，导致进一步水质恶化。因此，蓝藻应急处理主要从几个方面进行：

（1）引水稀释、促进循环。可以根据当地实际情况和河流的分布，尽可能加大向蓝藻暴发的湖泊、水库等水域引净水，改善治理水域的水质，稀释水体，降低水体的富营养化程度，减少蓝藻暴发的营养供应。同时，促进水循环，增加水体的复氧能力，从而改善水质，有利于水体的生态恢复。

（2）人工清除蓝藻。蓝藻一般漂浮在水面上，覆盖水面，阻隔了水气交换，使水体复氧能力降低。为改善水质，必须清除蓝藻，应急处理时可采用人工打捞的方法。

四、滤食性鱼控制藻类生长的动力学特性研究

目前，湖泊、水库蓝藻"水华"对水质构成严重的影响，威胁城市供水安全，最近无锡市蓝藻事件就是一个典型的实例。湖泊、水库水体中以蓝、绿藻为主的"水华"的形成机制以及控制方法已经成为水生生物学和环境水力学研究的重要问题之一。富营养化是形成"水华"的主要原因，但大量研究表明仅仅通过减少水体自身的营养盐，并控制外部营养物质的输入来达到抑制藻类生长的效果并不明显。

一般而言，浮游动物能捕食蓝藻，但捕食量有限，浮游动物对蓝藻的生长率没有明显的影响。根据有关的研究，治理武汉东湖、滇池、巢湖等富营养化湖泊的经验表明，直接投加滤食性鱼类能对控制浮游植物生长起到很好的效果。最近，利用滤食性鱼类控制水体中浮游植物生长的非经典生物操纵理论，受到广泛的关注。非经典生物操纵理论认为，滤食性鱼类不仅能滤食浮游动物，也会滤食浮游植物，能控制浮游植物的生长。

在湖泊、水库综合水质模型中，浮游植物（藻类）与浮游动物、无机磷、有机磷、有机氮、氨氮、亚硝酸盐氮、硝酸盐氮等之间构成循环动力学系统，可以用一组非线性微分方程组来描述。根据前面引用的有关文献可知，滤食性鱼类对藻类生长影响很大，因此藻类的生长与鱼类、浮游动物以及水中的营养成分都有关系。鱼类放养是受到人类行为控制的因素，即鱼类放养量是可控制的。如果考虑滤食性鱼类放养的影响，那么浮游植物（藻类）与滤食性鱼类、无机磷、有机磷、有机氮、氨氮、亚硝酸盐氮、硝酸盐氮等之间构成的控制系统，也可用一组非线性微分方程组来描述。

1. 基本方程的动力学特性分析

式（4-69）～式（4-77）为非线性微分方程组，可以李亚谱若夫方法求解。为此，可以构建一正定函数：

$$V = A_{PP}A_{NP}A + A_{NP}(P_1 + P_2) + 2A_{PP}(N_1 + N_2 + N_3 + N_4) \qquad (5-76)$$

函数 V 符合正定条件，它是氨氮循环模型各物质的总量，并且当 A、N_1、N_2、N_3 趋近

于 0 时，$V=0$。式（5-76）两边微分后可得：

$$\frac{dV}{dt}=-C_gA_{PP}A_{NP}ZA+A_{NP}p_0+2A_{PP}n_0 \tag{5-77}$$

其中
$$p_0=p_1+p_2-I_1P_1+I_3P_3-I_4P_2$$
$$n_0=n_1+n_2+n_3+n_4+\beta_6N_1+\beta_4N_1+\beta_5N_4-\beta_3N_4$$

式中　p_0——水体能够补充的总磷，mg/（L·d），主要来源于外界的排放量；

n_0——水体能够补充的总氮，mg/（L·d），主要来源于外界的排放量。

当满足式（5-78）时，系统处于稳定状态。

$$\frac{dV}{dt}=-C_gA_{PP}A_{NP}ZA+A_{NP}p_0+2A_{PP}n_0=0 \tag{5-78}$$

藻类最终浓度由式（5-78）决定，它取决于滤食性鱼类养殖密度 Z、水体在单位时间内补充总磷 p_0 和总氮 n_0 的量。或者说，在确定控制藻类浓度标准后，已知 p_0 和 n_0，就可由式（5-78）确定滤食性鱼类的养殖密度。

2. 算例

【例 5-3】　某镇莲花山水库生态水质模型的主要参数如下：A_{PP} 为 0.02，A_{NP} 为 0.22，滤食性鱼类食藻类率 C_g 为 0.03L/（d·mg），总磷 p_0 为 0.02mg/（L·d），总氮 n_0 为 0.15mg/（L·d），将藻类控制在 A 为 10mg/L 以内，求滤食性鱼类养殖密度。

解：
$$Z=\frac{A_{PP}p_0+2A_{NP}n_0}{C_gA_{PP}A_{NP}A}=50.3 \text{（mg/L）}$$

将藻类控制在某一范围内，应根据水质情况来决定滤食性鱼类的养殖密度，本例从一般的水质生态情况进行计算，其计算结果与文献有关的实验结果吻合，计算结果合理。

利用滤食性鱼类来控制藻类生长是一种极为有效的方法。放养鲢鳙鱼既可以改善生态，又可以改善水质，在当前湖泊、水库蓝藻治理中有十分重要的意义。这一项工作的研究已有数十年，主要集中在试验研究方面。藻类、滤食性鱼类、水中养分（氮、磷）之间存在相互转化、相互关联的动力学关系。

第四节　重金属污染处理技术

一、重金属及其水污染

对人体有害的重金属主要有汞（Hg）、铬（Cr）、镉（Cd）、铅（Pb）和砷（As）等五类。重金属通过废水排放进入水体，污染饮水水源对人体造成直接危害；或者重金属在水生物体内富集，通过食物链传递到人体。

1. 汞

汞的污染源主要是氯碱工业、汞冶炼工业、涂料工业、电气工业、仪表工业、农药厂等，此外燃烧煤炭也会产生大气的汞污染。汞污染水体会造成在鱼类、贝类体内汞的富集，通过食物链进入人体，引起汞中毒。

人体内重金属的含量可以通过头发来检测，主要指标是发汞含量和发铅含量等，当发

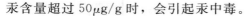

汞含量超过 $50\mu g/g$ 时，会引起汞中毒。

2. 铬

铬污染主要来源于电镀、皮革、颜料、油漆、合金、胶印、杀虫剂、防腐剂等行业的废水排放。铬通过水和食物链进入人体，铬的危害主要是可致癌、对皮肤和黏膜有强烈的刺激和腐蚀作用。

3. 镉

镉污染源主要有冶炼、矿业、电镀、颜料、试剂、荧光屏、雷达等行业，例如 2005 年 12 月韶关冶炼厂在检修期间，因相关工作人员违反操作规程，致使废水含镉量排放超标，污染广东省北江水流，危机韶关、英德、清远、佛山和广州的饮水安全。

通过镉及其化合物经食物、水和空气进入人体后产生的毒害作用。有急性、慢性中毒之分。工业生产中吸入大量的氧化镉烟雾可发生急性中毒。

镉中毒可使肌内萎缩关节变形，骨骼疼痛难忍，不能入睡，发生病理性骨折，以致死亡。镉的主要来源是工厂排放的含镉废水进入河床，灌溉稻田，被植株吸收并在稻米中积累，若长期食用含镉的大米，或饮用含镉的污水，容易造成"骨疼病"。

4. 铅

铅污染主要来自油漆、颜料、汽车废气、工业废气等，其中工业废气是指工业燃煤废气，燃煤排放的烟尘中含有大量的铅；汽油含铅量为 $20\sim50\mu g/L$，通过汽车排放进入空气，一般城市街道空气含铅量可达到 $10\mu g/m^3$。通过降雨空气中的铅会随径流进入受纳水体，对人产生危害。

5. 砷

砷不是金属，但其性质与重金属类似，所以也归类到重金属污染系列。砷污染来源主要有杀虫剂、除草剂、脱毛剂、防腐剂、染料、涂料。砷是第一个被认定的基本致癌物，是一种高毒性的无机物，对人体危害极大。

在自然界，砷以化合物形态存在于金、银、铜矿中，有些天然矿泉水砷含量较高，饮用后会导致砷中毒。

二、国内外重金属废水处理新技术的研究进展

目前，国际上重金属废水处理方法主要有三类：第一类是通过发生化学反应除去废水中重金属离子的方法，包括中和沉淀法、硫化物沉淀法、铁氧体共沉淀法、化学还原法、电化学还原法和高分子重金属捕集剂法等；第二类是使废水中的重金属在不改变其化学形态的条件下进行吸附、浓缩、分离的方法，包括吸附、溶剂萃取、蒸发和凝固法、离子交换和膜分离等；第三类是借助微生物或植物的絮凝、吸收、积累、富集等作用去除废水中重金属的方法，其中包括生物絮凝、生物化学法和植物生态修复等。下面介绍几个方面的进展情况。

1. 吸附法

吸附法是利用吸附剂活性表面对重金属离子的吸引来去除废水中的重金属离子的一种方法。国内外重金属废水处理新技术的研究，吸附剂种类很多，常用的有活性炭，活性炭可以同时吸附多种重金属离子，吸附容量大。但活性炭价格贵，使用寿命短，需再生，操

作费用高。因此，近年来，国内外许多学者把注意力转向寻找可替代的吸附材料，一类是玉米棒子芯、白杨木材锯屑等自然资源作为天然吸附材料，如白杨木材锯屑或橄榄叶研磨渣可以吸附电镀废水中的汞、铅铜、锌和镉；麦麸对重金属离子有优良的吸附性能，在约10min 内达到吸附平衡，吸附容量分别为：Hg 为 70mg/g、Pb 为 63mg/g、Cd 为 21mg/g、Cu 为 15mg/g、Ni 为 13mg/g 及 Cr 为 913mg/g，不仅速率快，并且还具有良好的选择性。Parsons 等研究了啤酒花对含铜、锌和氰化物废水的吸附作用和螯合作用，取得很好的结果。Pino 等则用椰壳粉吸附镉，研究了金属离子浓度和 pH 的影响以及镉的吸附动力学，表明其对镉处理具有很强的能力；另一类是利用微生物作为生物吸附材料。生物吸附剂是一种特殊的离子交换剂，与常规离子交换剂不同，起作用的是生物细胞，主要有菌体、藻类和细胞提取物等。对不同的重金属离子表现出不同的吸附能力，造成吸附能力大小不同的主要原因在于微生物细胞表面的结构，并且受 pH 值和温度等环境因素的影响。

2. 新型金属捕集剂

重金属捕集剂可采用二烃基二硫代磷酸的铵盐、钾盐或钠盐，活性基团（给电子基团）为二硫代磷酸。因活性基团中的硫原子电负性小、半径较大、易失去电子并易极化变形产生负电场，故能捕捉阳离子并趋向成键，生成难溶于水的二烃基二硫代磷酸盐。当捕集剂与某一金属离子结合时，均通过其结构中的 2 个硫与烃基及磷酸根和金属离子形成多个环，故形成的化合物为螯合物，并具有高稳定性。Navarro 等通过聚阳离子聚阴离子合成物的 PEI 沉淀重金属，结合其甲基化二氧磷基丙酮衍生物对水溶液进行沉淀作用，即使在有高浓度的非过渡金属离子的情况下仍可以除去废水中 Cu^{2+}、Co^{2+}、Zn^{2+}、Ni^{2+} 和 Pb^{2+} 等重金属离子。徐颖等也用 PEI 处理含多种重金属的废水，讨论了各个因素对重金属废水处理效果的影响，并就捕集产物的稳定性与传统中和沉淀法进行了比较。试验结果表明，重金属捕集剂对 Pb^{2+}、Cd^{2+}、Cu^{2+} 和 Hg^{2+} 的去除率均可达 99％以上，且处理效果不受 pH 值、共存金属离子的影响。捕集剂与这些金属离子生成的螯合物稳定性高于中和沉淀法所得产物的稳定性，因而减少了捕集产物再次污染环境的风险。相波等以玉米淀粉为原料，合成了交联氨基淀粉（CAS）和 DTC 改性淀粉（DTCS），两者在 298K 时的吸附速率常数分别为 $117581/h$ 和 $101321/h$。他们还对壳聚糖（CTS）进行化学改性，合成了一种重金属捕集剂二硫代氨基甲酸改性壳聚糖（DTC2CTS），实验表明，与未改性的 CTS 相比，DTC2CTS 捕集重金属的性能更好，可以在更宽的 pH 值范围内使用，捕集重金属的数量更大。于明泉等研制了新型金属捕集剂 PEI，以含 Ni^{2+} 废水作为处理对象，在研究了影响去除效果的因素基础上，更深入考察高分子重金属絮凝剂的结构和性能的关系。发现水中某些二价阳离子的存在不仅不会消耗高分子重金属絮凝剂的用量，相反会促进 Ni^{2+} 的絮凝沉淀，而 Fe^{3+} 会与 Ni^{2+} 竞争高分子重金属絮凝剂分子中二硫代羧基上的配位基，Ni^{2+} 和致浊物质能互相促进彼此的去除率。重金属捕集剂能够结合重金属离子，生成稳定且难溶于水的金属螯合物。反应的效率较高，处理重金属废水时污泥沉淀快，含水率低，并具有良好的选择性，可将部分重金属离子与其他离子分离、回收再利用，从而克服了传统化学处理法的不足，为后续的处理提供了方便，特别对重金属含量低的废水，处理费用相对较低，相信有很好的应用前景。

三、吸附法

（一）基本原理

1. 固体表面上的吸附作用

在固液（或固气）两相体系中，相界面上出现溶质组分（或气相组分）的浓度升高的现象，称为固体吸附。对溶质有吸附力的固体称为吸附剂，被固体吸附的物质称为吸附质。吸附剂对吸附质的吸附可分为三类：物理吸附、化学吸附和离子交换吸附。

物理吸附是吸附剂和吸附质之间通过分子间的引力（也称为范德华力）而产生的吸附。物理吸附的吸附速度和解吸速度都快，易达到平衡状态。一般在低温条件下的吸附主要是物理吸附。

化学吸附是吸附剂和吸附质之间产生化学作用，形成化学键引起的吸附。由于生成了化学键，所以化学吸附是有选择性的，而且吸附速度和解吸速度都慢，达到平衡也慢。化学吸附与化学反应一样会释放很大的热量，吸附速度随温度上升而加快，因此，化学吸附常常在高温下进行。

离子交换吸附是吸附质离子由于静电引力作用，被吸附到吸附剂表面的带电点上而产生的吸附。这种吸附过程，伴随着等量的离子交换。在吸附质浓度相同的情况下，离子带的电荷越多，吸附就越强；对电荷相同的离子，水化半径越小，越有利于吸附。

2. 等温吸附规律

固体吸附剂的吸附能力一般用吸附量来衡量。吸附量用下式表示

$$q = \frac{x}{m} \tag{5-79}$$

式中　　q——吸附量；

$\quad x$——吸附剂吸附的溶质总量，mg；

$\quad m$——吸附剂用量，mg。

吸附量与环境温度有关，环境温度在特定时间内相对比较稳定，所以，工程上需要了解在温度固定的情况下，吸附量与溶液浓度之间的关系，这就是等温吸附规律。反映这一关系的数学式称为吸附等温式，相应的曲线称为吸附等温线。吸附量分为平衡吸附量和极限吸附量两种。达到任一平衡状态时的吸附量称为平衡吸附量，用 q_e 表示，达到饱和时的吸附量称为极限吸附量，用 q_l 表示。

常用的等温吸附理论主要有：

（1）弗兰德利希（Freundlich）吸附等温式。弗兰德利希通过实验得出平衡吸附量 q_e 与平衡浓度 C_e 之间的经验关系式为

$$q_e = K_f C_e^{\frac{1}{n}} \tag{5-80}$$

式中　　q_e——平衡吸附量，即达到任一平衡状态时的吸附量；

$\quad K_f$、n——在一定浓度范围内表达吸附过程的经验常数；

$\quad C_e$——平衡浓度，即达到任一平衡状态时的浓度。

该经验公式简便、准确，但只使用于中等浓度的溶液。

（2）朗格缪尔（Langmuir）吸附等温式。朗格缪尔理论认为固体表面由大量的吸附

活性中心点构成，每一个活性中心点只能吸附一个分子，当表面活性中心点全部被占满时，在吸附剂表面上分布被吸附物质的单分子层，这时吸附量达到饱和。根据以上假设和动力学原理可得：

$$q_e = q_l \frac{C_e}{a + C_e} \qquad\qquad (5-81)$$

式中　q_e——平衡吸附量，即达到任一平衡状态时的吸附量；

　　　　q_l——极限吸附量，即达到饱和时的吸附量；

　　　　C_e——平衡浓度—达到任一平衡状态时的浓度，即在吸附剂固体表面被吸附质铺满一分子层时的浓度；

　　　　a——与吸附能有关的常数。

朗格缪尔吸附等温式适应任何浓度条件，应用广泛。

（3）BET 吸附等温式。Brunauer、Emmett 和 Teller 在朗格缪尔单分子层吸附理论的基础上，提出多分子层吸附理论：被吸附的分子层的分子可以成为新的吸附活性中心点，再吸附下一层分子，从而形成多分子层模型，各层吸附量之和为总的吸附量。由此得到 BET 吸附等温式为

$$q_e = \frac{BC_e q_l}{(C_s - C_e)\left[1 + (B-1)\left(\dfrac{C_e}{C_s}\right)\right]} \qquad\qquad (5-82)$$

式中　q_l——单层极限吸附量，与前同；

　　　　B——与表面能有关的常数；

　　　　C_s——近似饱和浓度。

3. 吸附速度

吸附速度是指单位重量的吸附剂在单位时间内所吸附的物质量。多孔吸附剂对溶液中吸附质的吸附过程可分为三个阶段：第一是颗粒外部扩散阶段（也称为膜扩散阶段），吸附质颗粒从溶液中扩散到吸附剂表面；第二是空隙扩散阶段，吸附质颗粒在吸附剂空隙中穿行，继续向各个吸附点扩散；第三是吸附反应阶段，吸附质被吸附在吸附剂空隙内的表面上。

颗粒外部扩散速度和空隙扩散速度一方面主要与吸附剂的特性有关，例如与吸附剂的表面积、颗粒直径及其结构有关，特别是颗粒直径越小，表面积越大，吸附速度越大。一般吸附剂吸附速度与颗粒直径的高次方成反比。另一方面，吸附速度与溶液浓度有关，有实验证明，颗粒外部扩散速度与溶液浓度成正比。

此外，水温和流速对吸附速度也有影响。

一般吸附速度主要取决于前两个阶段，即由颗粒外部扩散速度或空隙扩散速度决定。

$$\frac{\mathrm{d}q}{\mathrm{d}t} = m_1 (C - C_e) \qquad\qquad (5-83)$$

$$\frac{\mathrm{d}q}{\mathrm{d}t} = m_2 (q - q_e) \qquad\qquad (5-84)$$

式中　$\dfrac{\mathrm{d}q}{\mathrm{d}t}$——吸附速度，kg 吸附质/（kg 吸附剂·s）；

m_1、m_2——常数。

（二）重金属污染物在河流的运移扩散特性及其基本吸附方程

在河流环境下，采用吸附法来处理重金属污染，需要分析吸附剂投放的剂量和方式，还要分析、评价处理的效果。

在河道水流中，吸附量应改用下式表示

$$q = \frac{C_0 - C_e}{C_x} \tag{5-85}$$

式中　C_x——吸附剂投放后，河流吸附剂的浓度；

C_0——河流吸附质的初始浓度。

1. 不考虑污染物的扩散、运移因素的影响

（1）弗兰德利希（Freundlich）吸附模型。在平衡状态下，不考虑污染物的扩散、运移因素的影响，则根据式（5-80）和式（5-85）可得：

$$q = \frac{C_0 - C_e}{C_x} = K_f C_e^{\frac{1}{n}} \tag{5-86}$$

可以求得吸附剂投放浓度为

$$C_x = \frac{(C_0 - C_e)}{K_f C_e^{\frac{1}{n}}} \tag{5-87}$$

（2）朗格缪尔（Langmuir）吸附模型。在平衡状态下，不考虑污染物的扩散、运移因素的影响，则根据式（5-81）和式（5-85）可得：

$$q = \frac{C_0 - C_e}{C_x} = q_l \frac{C_e}{a + C_e} \tag{5-88}$$

可以求得吸附剂投放浓度为

$$C_x = \frac{(C_0 - C_e)(a + C_e)}{q_l C_e} \tag{5-89}$$

（3）BET 吸附模型。在平衡状态下，不考虑污染物的扩散、运移因素的影响，则根据式（5-82）和式（5-85）可得：

$$\frac{C_0 - C_e}{C_x} = \frac{B C_e q_l}{(C_s - C_e)\left[1 + (B-1)\left(\dfrac{C_e}{C_s}\right)\right]} \tag{5-90}$$

可以求得吸附剂投放浓度为

$$C_x = \frac{(C_0 - C_e)(C_s - C_e)\left[1 + (B-1)\left(\dfrac{C_e}{C_s}\right)\right]}{B C_e q_l} \tag{5-91}$$

2. 考虑污染物的扩散、运移因素的影响

如果考虑污染物的扩散、运移因素的影响以及污染物在水体的扩散特性，则应由式（5-92）和边界控制条件式（5-93）来分析吸附剂投放浓度。

$$\frac{\partial C}{\partial t} = E_x \frac{\partial^2 C}{\partial x^2} - u \frac{\partial C}{\partial x} - m_1 C_x (C - C_e) \tag{5-92}$$

当 $t = t_n$、$x = x_n$ 时，　　　　　　　　　　$C \leqslant C_n$ \hfill (5-93)

式中　x_n——河道控制断面的坐标；

t_n——指定时间；

C_n——污染物最终控制浓度；

u——河道断面平均流速；

E_x——紊流扩散系数，对一般天然河道，$E_x = uH/200$；

H——计算河段平均水深；

k——吸附速度系数。

分析重金属污染处理效果主要考虑其稳态情况。为此，写出式（5-92）的稳态方程

$$E_x \frac{\partial^2 C}{\partial x^2} - u \frac{\partial C}{\partial x} - m_1 C_x (C - C_e) = 0 \qquad (5-94)$$

方程式（5-94）的边界条件为

$$x = 0, \ C = C_0; \ x = \infty, \ C = 0 \qquad (5-95)$$

方程式（5-94）的解为

$$C = (C_0 - C_e) e^{-\beta x} + C_e \qquad (5-96)$$

其中

$$\beta = \frac{\sqrt{u^2 + 4E_x m_1 C_x} - u}{2E_x}$$

设 $x = L$ 时，控制水质标准为 $C = C_n$，由式（5-96）有

$$\beta = \frac{\ln(C_0 - C_e) - \ln(C_n - C_e)}{L} = \frac{\sqrt{u^2 + 4E_x m_1 C_x} - u}{2E_x} \qquad (5-97)$$

$$C_e = \frac{C_0 - MC_n}{1 - M} \qquad (5-98)$$

其中

$$M = e^{L \frac{\sqrt{u^2 + 4E_x m_1 C_x} - u}{2E_x}}$$

式（5-87）、式（5-89）或式（5-91）与式（5-98）联立求解 C_x。

（三）吸附剂

1. 活性炭

活性炭是常见的一种吸附剂，其比表面达到 $800 \sim 2000\text{m}^2/\text{g}$，具有很高的吸附能力。生活或废水处理用的活性炭，一般制成颗粒状或粉末状。粉末状活性炭的吸附力强，制备容易，成本低，但再生困难，不易重复使用，适应于野外污水处理。颗粒状活性炭的吸附力比粉末状活性炭的低些，生产成本高，但可再生重复使用，并且使用时劳动条件好，操作简便。因此，在废水处理装置中，多采用颗粒状活性炭。

2. 腐植酸类吸附剂

腐植酸是一组芳香结构的、性质与酸性物质相似的复杂物质，其活性基团主要有：羧基、酚羟基、甲氧基、羰基、醇羟基、醌基、氨基、磺酸基。这些活性基团决定了腐植酸的阳离子吸附性能。

用作吸附剂的腐植酸类物质有两大类：一类是富含腐植酸的风化煤、泥煤、褐煤等，它们可以直接或经简单处理后作吸附剂用；另一类是将富含腐植酸的物质用适当的粘合剂制备成腐植酸系树脂，造粒成型后使用。

腐植酸类物质能吸附工业废水中的许多金属离子：汞、锌、铅、铜、镉等。

四、混凝澄清法

混凝澄清法是指在混凝剂的作用下，使废水中的胶体和细微悬浮物凝聚成絮凝体，然后分离除去的方法。

胶体颗粒和细微悬浮物的粒径分别为 $1 \sim 100nm$ 和 $100 \sim 10000nm$。由于布朗运动、水合作用和微粒之间的静电斥力等原因，胶体颗粒和细微悬浮物能在水中长期保持悬浮状态，而不沉淀。因此，必须使用混凝剂将胶体颗粒和细微悬浮物相互凝聚为数百微米至数毫米的絮凝体，才能通过重力沉降、过滤和气浮的方法予以除去。

混凝澄清法是废水处理中广泛应用的方法，它可以去除多种有毒有害污染物，降低原水的浊度、色度等感观指标，净化水质。

（一）混凝剂及其特性

目前，常用的混凝剂有无机金属盐和有机高分子聚合物两大类。其中无机金属盐主要有铁系和铝系等高价金属盐，又可分为普通铁、铝盐和碱化聚合物；有机高分子聚合物主要有人工合成和天然的两类。

无机金属盐中的普通铁、铝盐混凝剂是在污水处理中常用的混凝剂，其主要的品种和性能见表 5－5。

表 5－5　　　　　　　　　　　普通铁、铝盐混凝剂的品种和性能

名　称	代号	分　子　式	主　要　性　能
三氯化铁	FC	$FeCl_3 \cdot 6H_2O$	混凝效果不受水温影响，最佳 pH 值为 6.0～8.4，但在 4.0～11.0 范围内仍可使用。易溶解，絮体大而密实，沉降快，但腐蚀性大，在酸性水中易生成 HCl 气体而污染空气
聚合硫酸铁	PFS	$[Fe_2(OH)_n(SO_4)_{3-n}]_m$	用量小，絮体生成快，大而密实，腐蚀性比 $FeCl_3$ 小，所需的碱性助凝剂量小。适宜水温 10～50℃，pH 值为 5.0～8.5，但在 4.0～11.0 范围内仍可使用
精制硫酸铝	AS	$Al_4(SO_4)_3 \cdot 18H_2O$	含 $Al_4(SO_4)_3$50％～60％。适宜水温 20～40℃，pH 值为 6.0～8.5。水解缓慢，使用时需的碱性助凝剂，卫生条件好，但在废水处理中应用较少，易产生铝垢
聚合氯化铝	PAC	$[Al_2(OH)_nCl_{6-n}]$	对水温、pH 值和碱度的适应性较强，絮体生成快且密实，使用时无须加碱助剂，腐蚀性小。最佳 pH 值为 6.0～8.5，性能优于其他铝盐
聚合硫酸铝	PAS	$[Al_2(OH)_n(SO_4)_{3-n/2}]_m$	使用条件与硫酸铝基本相同，但用量小，性能好。最佳 pH 值为 6.0～8.5，使用时需的碱性助凝剂
聚硫氯化铝	PACS	$[Al_4(OH)_{2n}Cl_{6-2n}(SO_4)]_m$	絮体生成快，大而密实。对水温适应性较强，脱色效果优良。最佳 pH 值为 6.0～9.0，使用时无须加碱助剂

铁和铝聚合盐是具有一定碱化度的无机高分子聚合物，与普通铁、铝盐混凝剂相比，具有投加剂量小，絮体生成快，对水质的适应范围广，水解时消耗水中的碱度小等优点，

应用日益广泛。

人工合成的有机高分子絮凝剂都是水溶性的链状高分子聚合物，其重复单元中含有较多能强烈吸附胶体和细微悬浮物的官能团，并且有足够的分子长度（$>200\mu m$）和分子量（$>10^6$）。有机高分子絮凝剂可分为阴离子型、阳离子型和非离子型三类。阴离子型主要含有—COOM（M 为 H^+ 或金属离子）或—SO_3H 的聚合物，例如部分水解聚丙烯酰胺（HPAM）和聚苯乙烯磺酸钠（PSS）等。阳离子型主要含有—NH_3^+、—NH_2^+ 和—N^+R_4 的聚合物，如聚二甲基氨甲基丙烯酰胺（APAM）和聚乙烯吡啶盐等。非离子型是所含基团不发生解离的聚合物，如聚丙烯酰胺（PAM）、甲叉基聚丙烯酰胺（MPAM）和聚氧化乙烯（PEO）等。

天然高分子絮凝剂主要产品有淀粉、半乳甘露糖、纤维素衍生物、多糖和动物骨胶五大类。由于天然高分子絮凝剂的电荷密度小，分子量较低，且已发生降解而失去活性，其应用远不如人工合成的广泛。

（二）混凝的工艺条件及其控制

前面介绍的各种絮凝剂均对水温、pH 值等有一定的要求，混凝过程的重要因素还包括原水中胶体和细微悬浮物的性质、浓度和介质形状等，因而混凝效果与混凝工艺条件有密切关系。混凝工艺条件主要指水温、pH 值、混凝剂的种类与用量、搅拌的强度与时间等。一般来说，混凝工艺要求水文在 20～30℃为宜，但在应急处理中，水温受自然环境的制约，很难人工干预，能够进行干预的工艺条件是 pH 值、混凝剂的种类与用量、搅拌的强度与时间等。

1. pH 值和碱度

铁、铝盐水解时不断产生 H^+，导致 pH 值下降。为此，需要添加碱性物质与之中和，将 pH 值控制在混凝剂适宜的范围内。一般情况下，采用硫酸铝作为混凝剂时，适宜的 pH 值为 6.5～7.5 之间；采用硫酸铝脱色时，适宜的 pH 值为 4.5～5.5 之间；采用三铁盐作为混凝剂时，适宜的 pH 值为 6.0～8.4 之间。

在野外运用时，可投放石灰来中和，投加量按下式计算

$$C_a = \frac{84C_R}{A_R} - 28(B-d) \tag{5-99}$$

式中　C_a——纯石灰投加量，mg/L；

　　　C_R——混凝剂中 Fe 或 Al 的含量，mg/L；

　　　A_R——Fe 或 Al 的原子量；

　　　B——原水碱度，mg 当量/L；

　　　d——剩余碱度，一般为 0.5～1.0mg 当量/L。

2. 混凝剂

混凝剂的选用直接关系到混凝效果的好坏，混凝剂的选用取决于水中胶体的特性和浓度。如果污染物主要以胶体态存在，并且 ζ 电位较高，则应选用无机混凝剂；如果絮体细小，应选用高分子混凝剂。为提高混凝效率，通常将无机混凝剂与高分子混凝剂复配使用，但要注意混凝剂投加的顺序。一般情况下，当水体浊度低时，先投加无机混凝剂，再适量投加高分子混凝剂；当水体浊度高时，先投加高分子混凝剂，再投加无机混凝剂。

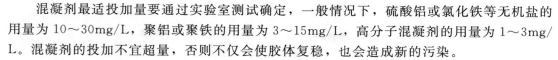

混凝剂最适投加量要通过实验室测试确定，一般情况下，硫酸铝或氯化铁等无机盐的用量为 10～30mg/L，聚铝或聚铁的用量为 3～15mg/L，高分子混凝剂的用量为 1～3mg/L。混凝剂的投加不宜超量，否则不仅会使胶体复稳，也会造成新的污染。

3. 水力条件

整个混凝过程可分为两个阶段：混合阶段和反应阶段。在这两个阶段中，混凝效果与搅拌强度、搅拌时间有密切关系。

在混合阶段中，为使混凝剂迅速均匀地扩散到整个水相中，需要加强搅拌强度，使胶体脱稳并借助分子的布朗运动和紊动水流进行混凝。这一阶段，水流的速度梯度应控制在 500～1000(1/s)，搅拌时间在 1min 内。

反应阶段，应降低搅拌强度，以免将已经长大的絮体打碎，这是要求的流速梯度为 20～70(1/s)，搅拌时间控制在 15～30min 内。

【事例】　2005 年广东省北江水域发生污染事故，经过反复论证，专家认为离英德城区只有 10 多 km 的白石窑电站是关键河段上一个非常有利的条件，就是可以利用河段上水轮机加聚合铁或聚合铝进行稀释，且搅拌形成旋流对药溶解非常有利，加药量仅用 1200t 就能削减峰值 30%，以确保飞来峡出水含镉量不超过 0.01mg/L，而在放药之后会对水体每 2h 检测一次，并会根据流量调整投放量。有关专家表示该方法是解决北江镉污染最科学合理、经济有效的方法，而采取这个措施的目的就是要把镉污染范围控制在白石窑水域上游，以保证飞来峡下游到三水达到Ⅱ类水的标准。

参 考 文 献

［1］ 姚运先，刘军．水环境监测［M］．北京：化学工业出版社，2005．

［2］ 吴国琳．水污染的监测与控制［M］．北京：科学出版社，2004．

［3］ 雒文生，宋星源．水环境分析及预测［M］．武汉：武汉水利电力大学出版社，2000．

［4］ 马前，张小龙．国内外重金属废水处理新技术的研究进展［J］．环境工程学报，2007（7）：10－14．

［5］ 董志勇．环境水力学［M］．北京：科学出版社，2006．

［6］ 张希衡．水污染控制工程［M］．北京：冶金工业出版社，2004．

［7］ 唐玉斌．水污染控制工程［M］．哈尔滨：哈尔滨工业大学出版社，2006．

［8］ 朱党生，王超，程晓冰．水资源保护规划理论及技术［M］．北京：中国水利水电出版社，2001．

［9］ 刘延恺．城市水环境与生态建设［M］．北京：中国水利水电出版社，2009．

［10］ 张锦炎．常微分方程几何理论与分值问题［M］．北京：北京大学出版社，1981．

［11］ 汪斌．水环境保护与管理文集［M］．郑州：黄河水利出版社，2002．

［12］ 董哲仁，孙东亚．生态水利工程原理与技术［M］．北京：中国水利水电出版社，2007．

［13］ 董哲仁．生态水工学探索［M］．北京：中国水利水电出版社，2007．

［14］ 武汉水利电力学院水力学教研室．水力计算手册［M］．北京：水利出版社，1979．

［15］ 徐晶，宋东辉．感潮河道水动力学分析［J］．水电能源科学，2007，25（4）：58－60．

［16］ 宋东辉，徐晶．污染物逆流分散运移特性分析［J］．水电能源科学，2008，26（1）：50－51．

［17］ 宋东辉，徐晶．多孔扩散器水力计算研究［J］．水电能源科学，2008，26（5）：75－77．

［18］ 宋东辉，徐晶．综合水质模型河流微分方程组的平衡解［J］．水电能源科学，2008，26（6）：51－53．

［19］ 马云慧．空气负离子应用研究新进展［J］．宝鸡文理学院学报（自然科学版），2010，30（1）：42－51．

［20］ 范亚民，何平，李建龙，等．城市不同植被配置类型空气负离子效应评价［J］．生态学杂志，2005，24（8）：883－886．

［21］ 蒋文伟，张振峥，赵丽娟，等．不同类型森林绿地空气负离子生态效应［J］．中国城市林业，2008（4）：49－51．

［22］ 田喆，朱能，刘俊杰．城市气温与其人为影响因素的关系［J］．天津大学学报，2005，38（9）：830－833．

［23］ 崔江涛，李涛，周征．浅议城市绿化对大气温度的改善作用［J］．黑龙江农业科学，2009（6）：87－88．

［24］ 范九生，郑芷青．广州市"万亩果园"固碳制氧生态价值的估算［J］．现代农业科学，2008（11）：102－103．

［25］ 谯万智．峨眉山风景区森林植被固碳释氧功能及其价值评估［J］．四川林勘设计，2010（1）：34－37．

［26］ 刘晓辉，吕宪国．原湿地生态系统固碳功能及其价值评价［J］．湿地科学．2008（6）：212－216．

［27］ 段晓男，王效科，逯非，等．中国湿地生态系统固碳现状和潜力［J］．生态学报．2008（2）：463－469．

［28］ 王浩，陈敏建，唐克旺．水生态环境价值和保护对策［M］．北京：清华大学出版社．2004，12．

［29］ 罗英明．河道人工建筑物对复氧及溶解氧扩散影响的研究［D］．成都：四川大学，2003，9．